纺织服装高等教育“十三五”部委级规划教材

# 女下装结构设计

高晓杰 主编
张瑞利 吴改红 副主编

東華大學出版社
·上海·

## 内 容 提 要

本书以人体的体型特征为基础，系统阐述了服装结构设计基础知识，女性下肢结构特征，女下装规格以及裙装、裤装的结构设计原理、变化规律、设计技巧。对女下装结构的基本原理的讲解精准简明，通过选取典型款式深入浅出地将理论知识解析透彻，同时根据实际生产状况对结构制图的方法与步骤进行了规范。本书内容直观易学，有较强的系统性、实用性和可操作性。

**图书在版编目（CIP）数据**

女下装结构设计/高晓杰主编. —上海：东华大学出版社，2019.3

服装项目教程

ISBN 978-7-5669-1131-5

Ⅰ.①女… Ⅱ.①高… Ⅲ.①女服—裙子—结构设计—教材 ②女服—裤子—结构设计—教材 Ⅳ.①TS941.717

中国版本图书馆 CIP 数据核字(2016)第 211162 号

责任编辑：冀宏丽　李伟伟

封面设计：Callen

女下装结构设计

NVXIAZHUANG JIEGOU SHEJI

主　　编：高晓杰

副 主 编：张瑞利　吴改红

出　　版：东华大学出版社（上海市延安西路 1882 号，邮政编码：200051）

本社网址：dhupress.dhu.edu.cn

天猫旗舰店：http://dhdx.tmall.com

营销中心：021-62193056　62373056　62379558

印　　刷：句容市排印厂

开　　本：787 mm×1 092 mm　1/16

印　　张：8.75

字　　数：280 千字

版　　次：2019 年 3 月第 1 版

印　　次：2019 年 3 月第 1 次印刷

书　　号：ISBN 978-7-5669-1131-5

定　　价：35.00 元

# 前　言

本书形式上与项目式教学相适应，内容上以人体的体型特征为基础，系统阐述了服装结构设计基础知识、女性下肢结构特征、下装规格，以及裙装、裤装的结构设计原理、变化规律、设计技巧，内容直观易学，有较强的系统性、实用性和可操作性。

本书对女下装结构的基本原理的讲解精准简明，并选取典型款式深入浅出地将理论知识解析透彻，同时根据实际生产状况对结构制图的方法与步骤进行了规范化和标准化，全书图文并茂、通俗易懂，制图采用 CorelDRAW 软件，图例清晰，标注准确。

全书共分四个项目，其中项目一由吴改红编写，项目二由张瑞利编写，项目三、项目四由高晓杰编写。这里要特别感谢为本书收集素料、绘制图片和效果图的梁家琪、尹灼豪、孙文敏、魏海璇、林小英、练耀鸿、吴浩源、罗国铿等同学。

本书所编写内容有不当之处，请读者和同仁批评指正，对本书引用的文献著作者以及提供生产工艺单的企业致以诚挚的谢意！

编　者

目录 CONTENTS

# 项目一 服装结构设计基础知识

## 项目描述

服装结构设计课程涉及人体工程学、服装材料学、服装生产工艺学、美学、几何学等相关知识，是一门将逻辑思维与形象思维相结合，使服装既具有实用性，又富于形式美的一门重要课程。

本项目概述了服装结构设计的基础知识，从了解服装结构设计的基本概念到认识服装结构设计的工具，再到熟悉服装行业技术规范和要求以及服装结构制图符号、代号、术语，从而使学习者对服装结构设计有初步的认识。

## 知识目标

1. 了解服装结构设计基本概念。
2. 掌握服装结构制图工具及使用方法。
3. 熟悉行业技术规范和要求。
4. 掌握制图符号、代号、术语。

## 能力目标

1. 能够准确运用各种制图工具。
2. 能够识别并准确应用制图符号、代号、术语。

## 任务一 服装结构设计基本概念

### 一、服装结构设计的性质与特点

服装结构设计在将服装效果图变为服装产品的过程中，起着承前启后的关键作用，是实现服装款式效果和外观造型的关键。其知识结构涉及人体工程学、服装材料学、服装生产工艺学、美学、几何学等，具有艺术和科技相互融合、理论和实践密切结合的实践性较强的特点。

服装结构设计的关键在于二维和三维的相互转换。一方面，它将款式设计提供的三维效果图转化为二维服装的平面结构，修改款式图中结构不合理的部分，并进行内部、外部的结构设计；另一方面，它为工艺设计提供结构合理、规格齐全的工艺样板，为成衣制作提供可行的依据。

## 二、学习服装结构设计的目的

通过服装结构设计的学习，要学会如何将服装设计效果图转化为服装裁剪图，能够熟练绘制各种服装款式的裁剪图，从理论和实践上理解人体与服装的关系，掌握服装结构的内涵，整体与部件结构的解析方法，整体结构的平衡、平面纸样与立体成衣构成的各种设计方法，从而掌握服装结构制图这一关键设计技术。

## 三、学习服装结构设计需要掌握的相关知识

（1）服装结构设计基础。了解人体工程学、人体测量、服装规格设计及服装结构设计原理。

（2）运用服装结构原理。掌握对服装效果图的审视与分解方法，对不同款式的服装进行结构图的绘制。

（3）特体服装结构处理。了解特殊体型的观察和测量方法，掌握特体的结构处理方法，绘制结构图。

（4）服装疵病补正。了解服装结构疵病产生原因、补正步骤，掌握各部位结构疵病的补正方法。

（5）计算机辅助服装结构设计。掌握计算机辅助制版系统（CAD/CAM），使服装结构设计制图精确化，提高制版速度。

# 任务二　服装结构制图工具

## 一、常用服装制图工具

服装制图常用的工具有直尺、曲线尺、自由曲线尺、比例尺、软尺、打版纸、硫酸纸、描线器、锥子、铅笔、橡皮等。

1. 直尺

又称打版尺、放码尺，尺子一般用透明材质制作，上面有多种分度格子线，双向使用，中心点及两端有 X 型角线，并有 180°量角器，宽度一般为 5 cm，长度有 30 cm、50 cm、60 cm 等，以厘米或英寸为单位，用于画直线、推曲线、量角度、放码（图 1-2-1）。

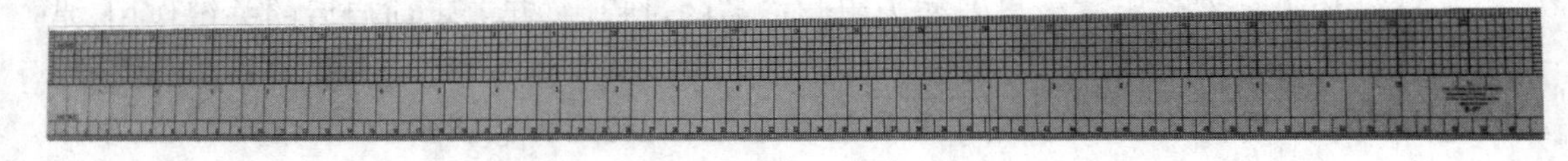

图 1-2-1　直尺

2. 曲线尺

又称曲线板，两侧分别为弧线状的尺子，主要用于绘制侧缝线、袖窿线、袖山线、袖缝

线、裆线等部位弧线(图 1-2-2)。

**图 1-2-2　曲线尺**

3. 比例尺

用来按一定比例缩小或放大绘制结构图的尺子,常用于制作缩小比例服装结构图(图 1-2-3)。

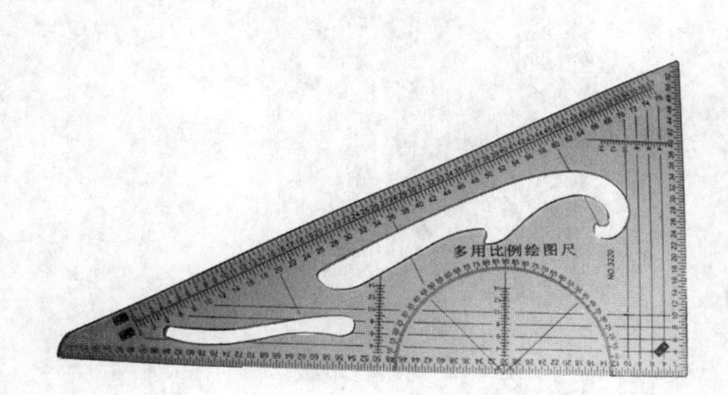


**图 1-2-3　比例尺**

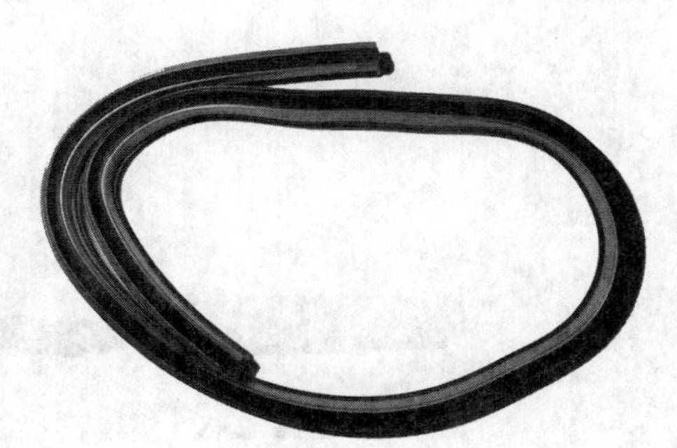

**图 1-2-4　自由曲线尺**

4. 自由曲线尺

又称蛇形尺,可以任意弯曲,一般用于绘制非圆自由曲线,也可用来测量直尺不易测量的弧线长度。当画曲线时,先定出足够数量的点,将蛇形尺扭曲,令它串连不同位置的点,按紧后便可用笔沿蛇形尺圆滑地画出曲线(图 1-2-4)。

5. 软尺

又称皮尺,一面以厘米为单位,一面以英寸为单位,用于测量人体尺寸和成品尺寸(图 1-2-5)。

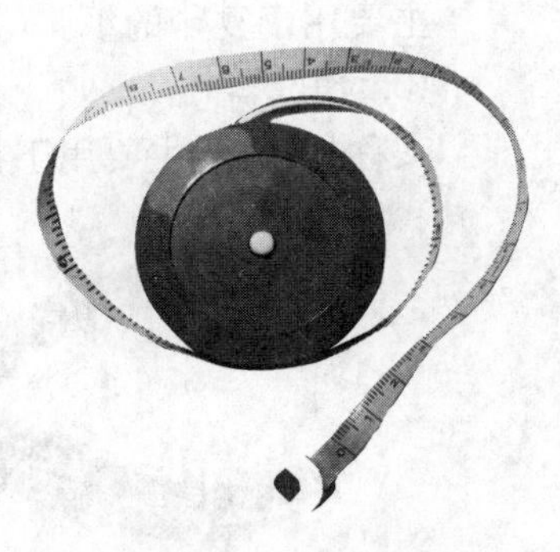

**图 1-2-5　软尺**

6. 打版纸

又分牛皮纸和绝缘板纸,主要用于打版、绘制版型(图 1-2-6)。

7. 硫酸纸

又称制版硫酸转印纸、描图纸,主要用于描图晒版和印刷制版(图 1-2-7)。

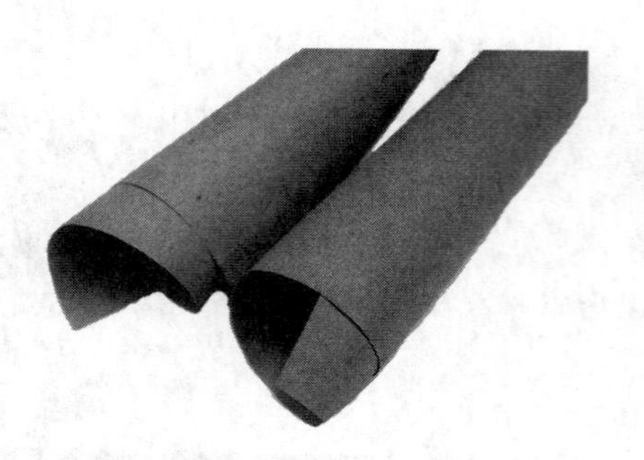

图 1-2-6　打版纸

图 1-2-7　硫酸纸

8. 描线器(滚轮)

又称点线器和划线轮,齿有尖的、圆的,可以根据不同用途选用,记号线分为点状或线状。与服装专用复写纸一起使用,主要用于把纸样轮廓复印到布上,拓出版型(图 1-2-8)。

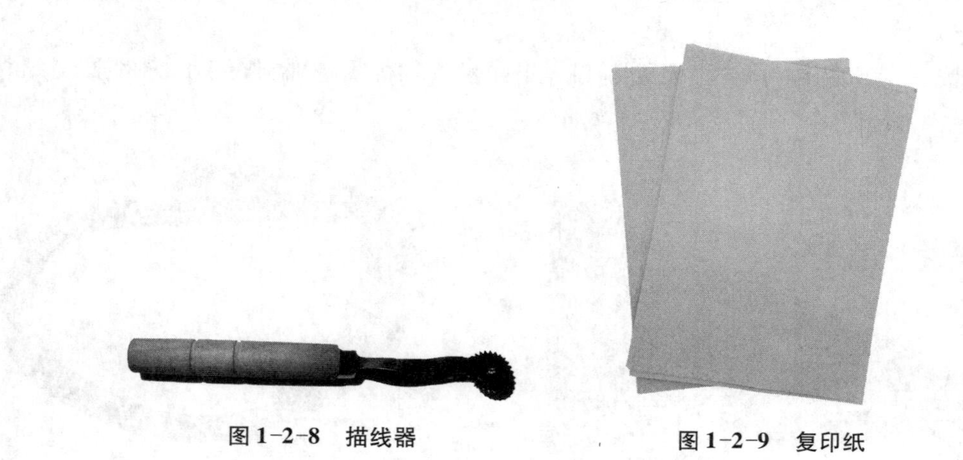

图 1-2-8　描线器

图 1-2-9　复印纸

9. 复印纸

主要用于复印的纸张(图 1-2-9)。

10. 冲孔器

又称打孔器,主要用于在制作纸样中,对纸样进行打孔、装订(图 1-2-10)。

图 1-2-10　冲孔器

图 1-2-11　打剪口器

11. 打剪口器

在服装纸样中,打剪口主要用于将需要缝合的两片裁片对齐。当毛样板和里料板需要进行裁布时,应先把毛(里)样板中需要对位的部位进行打剪口(图 1-2-11)。

12. 镇石

放在布和纸样上，防止布或纸样移动而造成误差（图 1-2-12）。

图 1-2-12　镇石

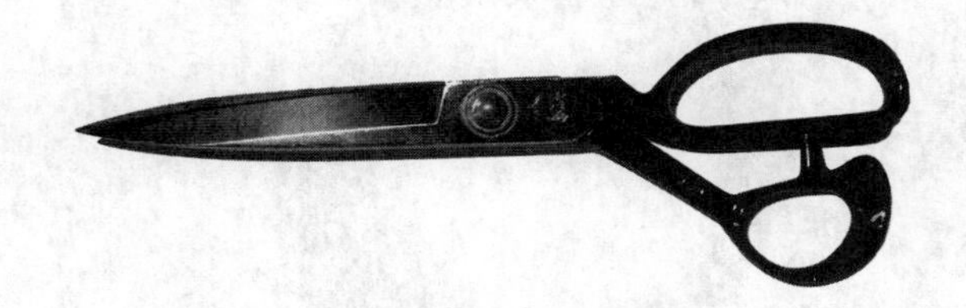

图 1-2-13　剪刀

13. 剪刀

在服装结构中，常用于纸样的裁剪；服装工艺上也常用剪刀对布料进行剪裁，或处理毛边。为了保持剪刀的锐利，不应使用同一把剪刀裁纸样和布（图 1-2-13）。

14. 绘图笔

分为全自动铅笔和非自动铅笔，非自动铅笔常用的笔芯有 B 或 2B 等，通常使用铅笔绘制纸样（图 1-2-14、图 1-2-15）。

图 1-2-14　自动铅笔

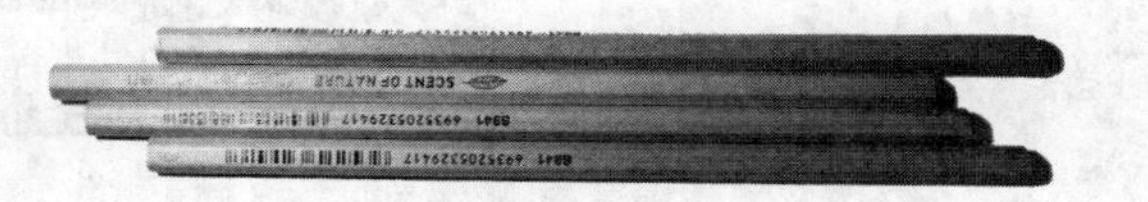

图 1-2-15　非自动铅笔

15. 橡皮擦

用于清除纸样上画错的线条（图 1-2-16）。

16. 双面胶纸

主要用于修正纸样（图 1-2-17）。

图 1-2-16　橡皮

图 1-2-17　双面胶纸

17. 单面胶纸

主要用于粘贴、修正纸样(图 1-2-18)。

18. 装订机

用于把服装纸样板装订在一起,避免混杂或丢失(图 1-2-19)。

图 1-2-18 单面胶纸

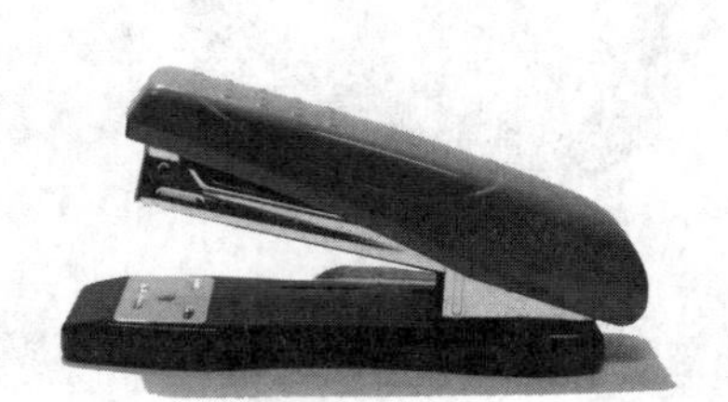

图 1-2-19 装订机

19. 锥子

用于纸样中间的定位,如省位、褶位等(图 1-2-20)。

图 1-2-20 锥子

## 二、主要制图工具的使用方法

### (一) 直尺画曲线

在服装结构设计中运用十分普遍,最常见的用法主要有画直线、找直角、找任意角度、推曲线等。

(1) 画直线,找直角:运用直尺,沿着直尺边向任意方向画线,即直线;再用直尺的任意一条刻度线与其重合,所画出的另一条线,垂直于原有直线。

(2) 找角度:由于方眼定规尺刻有量角器,可以利用其找到任意角度。

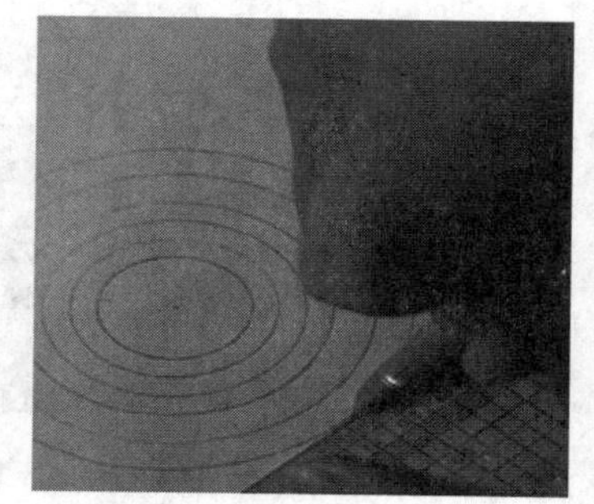

图 1-2-21 直尺画曲线

(3) 推曲线:运用直尺推出曲线必须遵循一个准则即“尺静笔动,尺动笔静”,“尺静笔动”在尺子不动的情况下先画出一段 1 ~3 cm 的直线,“尺动笔静”在笔不动的情况下,稍转动尺子的方向,继续画出 1 ~3 cm 线段,依次重复,就能推出所需要的曲线,就是不停地换方向画短线段,当这些线段画得极短而连续时,便看似圆形的弧线。因此在操作过程中是左手按尺,右手运笔,各负其责,而非是“左右开弓同时操作(图 1-2-21)。

### (二) 曲线尺

曲线尺是服装结构制图中不可缺少的工具,用于服装各曲线绘制和曲线等量转移。

(1) 画曲线,推曲线:在服装结构中,领口、袖窿弧、立裆等部位都需要画曲线,因此要用到曲线尺,使用时曲线尺靠到两条垂直的线之间,找出一个最适合的弧度。曲线尺也可以在已经裁好的版型上均匀地推出放缝量。

(2) 找角度,量角度:曲线尺上有量角器,其特殊在于0°起点均在量角器平衡线的两端上。只要在被量物的直线上定出中心点,移动尺体,使所需度数定在直线上,即可绘制,并可双向测绘,同时有两条45°定位线。这更加便利于找角度和测量角度。

(3) 数据转换:在服装结构制图中常用曲线尺上的 15: X 度数对照表对数据进行转换。如肩斜处理以 15:6 为例,必须以两数来操纵小肩的斜度。可用量角器来直接绘制小肩的斜度,一步到位。

### (三) 剪刀

能够熟练运用剪刀和控制剪刀,就能保证裁剪的结构纸样的精确度和标准性。要想成为一名出色的纸样师,必须练就一套过硬的剪纸样技术。

在剪纸样时为了不影响纸样的精准度,通常是左手控制纸样,右手控制剪刀,通过利用剪刀刀尖 1 ~6 cm 的范围来剪,不要一刀剪尽,要连续不断并循环地推进,沿纸样上线条的中间剪开,要求纸样的边缘要圆滑,不得起锯齿,剪多层纸时,上下层不得起梯级、大小不同。

如果剪下的纸样边缘不圆滑,在保证纸样不走形、尺寸不变的前提下,可以用木砂纸对边缘轻轻地揉擦、打磨,直到纸样边沿平滑圆顺,总之,掌握控制剪刀的技巧在于长期坚持不懈的锻炼。

# 任务三　服装结构制图规则、符号及部位名称

## 一、服装结构制图规则

服装结构制图是传达设计意图,沟通设计、生产、管理部门的技术语言,是组织和指导生产的技术文件之一。结构制图作为服装制图的组成是一种对标准样板的制定、系列样板的缩放起指导作用的技术语言。结构制图的规则和符号都有严格的规定,以便保证制图规格的统一、规范。

### (一) 制图顺序

先前衣片,后后衣片;先大衣片,后小衣片;先长度线,后围度线;先基本线,后结构线,再轮廓线。

### （二）制图所用单位

通用的单位为厘米或英寸，服装结构制图中应统一单位，同时熟练掌握厘米与英寸单位的换算。

### （三）制图所用线条

包括基础线、结构线、轮廓线、尺寸标注线等。制图中各线条必须符合规定要求。其中基准线和尺寸标注线为细实线，同一个结构图中同类图线条粗细应一致，线迹清晰、明确（表1-3-1）。

**表1-3-1　线条粗细程度及用途**

| 名称 | 图线画法 | 粗细(mm) | 用　途 |
|---|---|---|---|
| 粗实线 | ———— | 0.9 | 结构图的净样轮廓线 |
| 细实线 | ———— | 0.3 | 基准线、辅助线 |
| 粗虚线 | ---- | 0.9 | 表示下层的轮廓线 |
| 细虚线 | ---- | 0.3 | 缝迹明线 |
| 点画线 | —·—·— | 0.9 | 对称的对折线，如后背中心线 |
| 双点画线 | —··—·· | 0.3 | 翻折线，如驳头翻折线 |

### （四）服装结构图的文字及尺寸标注

服装结构制图部位、部件的尺寸，一般只标注一次，尺寸标注用细直线连接，两端画上箭头，中间标注尺寸，主要部位的尺寸标注应尽量采用比例分配方式表示，以适合不同规格尺寸计算要求。文字标注要书写工整，排列整齐，笔画清楚，间隔均匀。

## 二、服装结构制图符号及代号

在服装结构设计纸样绘制中，若用文字说明缺乏准确性和规范性，容易造成误解。服装结构制图符号主要用于批量生产，批量生产不同于单件制作，纸样需要用专用的符号以指导生产、检验产品，同时方便结构设计和看图的需要。因此，在纸样绘制中必须采用规范性符号。

### （一）纸样绘制符号及说明

见表1-3-2。

表 1-3-2　纸样绘制符号及说明

| 名称 | 符号 | 用途说明 |
| --- | --- | --- |
| 等分 |  | 等分该线段 |
| 等量 | 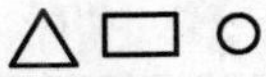 △□○ | 相同符号的线段等长 |
| 等长 |  | 表示两段线段长度相等 |
| 省 |  | 该部分需收省 |
| 褶 |  | 表示该部分需有规则折叠褶 |
| 细裥(或皱缩) |  | 该部分缝制时必须收拢一定的量 |
| 连接 |  | 两部分纸样必须拼接在一起,裁缝面料时无拼接 |
| 剪开 | 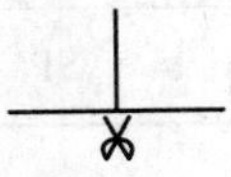 | 该线段将按剪刀方向剪开,然后按需要折叠或展开某一定量值 |
| 布纹经向 |  | 面料经向方向(与布边平行) |
| 倒顺 |  | 面料顺毛方向,如灯芯绒 |
| 归拢 |  | 该部位经熨烫后长度收缩 |
| 拔开 |  | 该部位经熨烫后长度伸长 |
| 直角 |  | 表示两条线垂直呈 90°角 |
| 罗纹 | 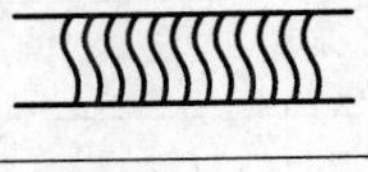 | 表示罗纹针织物横向拉伸时有优良弹性,不易卷边,常用于服装下摆、袖口、裤口等部位 |
| 省略号 | 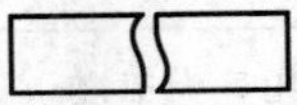 | 表示长度较长,在结构图中没有全部画出的部件,如腰头 |

**(二) 常用部位代号及说明**

在服装制图中,为了书写方便,使图纸整洁清晰,经常采用各部位英文名称的首位字母或两个首位字母作为该部位的代号,书写方式采用大写(表 1-3-3)。

表 1-3-3　常用部位代号及说明

| 部位 | 代号 | 英文 | 部位 | 代号 | 英文 |
|---|---|---|---|---|---|
| 胸围 | B | Bust | 颈围线 | NL | Neck line |
| 领围 | N | Neck | 胸围线 | BL | Bust line |
| 腰围 | W | Waist | 腰围线 | WL | Waist line |
| 臀围 | H | Hip | 臀围线 | HL | Hip line |
| 肩宽 | S | Shoulder | 横裆线 | TL | Thigh line |
| 衣长 | L | Length | 袖肘线 | EL | Elbow line |
| 背长 | BL | Back length | 脚口 | SB | Slacks bottom |
| 胸高点 | BP | Bust point | 颈侧点 | SNP | Side neck point |
| 袖长 | SL | Sleeve legth | 前颈点 | FNP | Front neck point |
| 袖口宽 | CW | Cuff width | 后颈点 | BNP | Back neck point |
| 袖窿 | AH | Arm hole | 肩端点 | SP | Shoulder point |

**（三）服装常用部位、部件术语及制图术语**

服装常用术语是服装行业的专业用语，起到传授技艺和交流经验的作用，常用的术语有部位、部件术语、制图术语。

上装常用部位、部件术语见表 1-3-4。

表 1-3-4　上装常用部位、部件术语

| 名称 | | 说　明 |
|---|---|---|
| 衣身（覆合于人体躯干部位，是服装的主要部分） | 肩缝 | 前肩与后肩连接的部位 |
| | 总肩宽 | 从左肩端点经过后颈点到右肩端点的宽度 |
| | 前过肩 | 肩缝向前衣片移动形成的部位 |
| | 后过肩 | 肩缝向后衣片移动形成的部位 |
| | 门襟、里襟 | 衣片、裤片锁扣眼处为门襟，钉纽扣处为里襟 |
| | 门襟止口 | 门襟的边缘，如搭门与挂面的连折线 |
| | 搭门（叠门） | 为了在衣服门襟上锁扣眼和钉纽扣所留放的位置，一般是按照面料的厚薄和扣子的大小来确定搭门量的大小 |

（续表）

| 名称 | | 说　明 |
| --- | --- | --- |
| 衣身（覆合于人体躯干部位，是上装的主要部分） | 挂面（门襟贴边） | 搭门的反面，有一层比搭门宽的贴边 |
| | 扣眼 | 纽扣的眼孔，分滚眼与锁眼两种，滚眼指用面料滚边做的扣眼，锁眼则用缝纫线收边根据扣眼前端的形状分为方头锁眼与圆头锁眼 |
| | 扣位 | 纽扣的位置，与扣眼相对应 |
| | 单排扣 | 里襟钉一排纽扣 |
| | 双排扣 | 里襟与门襟各钉一排纽扣 |
| | 袖窿 | 绱袖的部位 |
| | 侧缝 | 袖窿下面连接前、后衣身的缝 |
| | 后背缝 | 在后衣片中间设置的纵向结构线，为了符合人体的曲线或造型的需要 |
| | 底边 | 衣服下部的边缘部位 |
| | 覆肩 | 覆在肩上的双层面料，也称覆势或肩覆势 |
| 衣领（安装于衣身领窝上，围于人体颈部，起保护和装饰作用） | 领口 | 又称“领窝”或“领圈”，是根据人体颈部的造型需要，在衣片上绘制的结构线，也是前、后衣身与领子缝合的部位，作为领子结构的最基本部位，是安装领身或独自担当衣领造型的部位，是衣领结构设计的基础 |
| | 领嘴 | 领底口末端至门襟与里襟止口的部位 |
| | 驳头 | 衣身的前领与挂面上段向外翻折的部位 |
| | 驳口 | 驳头翻折部位 |
| | 串口线 | 驳头面与领面的缝合线 |
| | 领座 | 单独成为领身部位，或与翻领缝合、连裁在一起形成新的领身，又称“领底” |
| | 翻领 | 必须与领座缝合，连裁在一起的领身部位 |
| | 底领口线 | 也称“装领线”，领身上需要与领窝缝合在一起的部位 |
| | 领口上线 | 领身最上口的部位 |
| | 外领口线 | 形成翻领外部轮廓的结构线，它的长短及弯曲度的变化，决定翻领松度 |
| | 翻折线 | 将领座与翻领分开的折叠线，它的位置与形状受领子形状及翻领松度的制约 |
| | 翻驳线 | 将驳头向外翻折形成的折线 |
| | 翻折止口点 | 翻折线的终止点，一般与衣身第一粒扣对齐 |

（续表）

| 名称 | | 说明 |
|---|---|---|
| 衣袖（覆盖于人体手臂的服装部件。一般指衣袖，有时也包括与衣袖相连的部分衣身） | 袖缝 | 袖片之间的缝合线，按所在部位可分为前袖缝、后袖缝、中袖缝及其他分割袖缝等 |
| | 袖肥 | 袖片横向的距离 |
| | 大袖 | 衣袖的大袖片又称“袖胖肚” |
| | 小袖 | 衣袖的小袖片又称“袖瘪肚” |
| | 袖口 | 衣袖下端的边缘部位 |
| | 袖肘线 | 又称“袖中肚弯线”，对应人体手臂肘部位置 |
| | 袖克夫 | 又称袖头或袖排，是指接在衬衫袖子下端的长方形部件 |

下装部位、部件术语见表1-3-5。

**表1-3-5　下装部位、部件术语**

| 名称 | 说明 |
|---|---|
| 上裆 | 腰头上口到裤腿分叉处之间的部位，是关系裤子舒适度与造型的重要部位 |
| 中裆 | 脚口至臀围距离的二分之一处，是关系到裤子造型的重要部位 |
| 横裆 | 上裆下部的最宽松处，由人体形态和款式特点决定，是裤子造型的重要部位 |
| 下裆 | 横裆到脚口的部位 |
| 侧缝线 | 裤子前后片缝合的外侧缝 |
| 裤中线 | 又称“烫迹线”，裤子前后片的中心直线 |
| 前上裆线 | 裤子前片上裆缝合处 |
| 后上裆线 | 裤子后片上裆缝合处 |
| 腰头 | 腰扣处于裤身、裙身缝合的部位 |
| 襻 | 服装上起扣紧或牵吊等作用的部件，同时起到装饰服装的作用 |

其他部位、部件术语见表1-3-6。

**表1-3-6　其他部位、部件术语**

| 名称 | 说明 |
|---|---|
| 省道 | 分布于人体体表突出的部位附近，是为了适应人体和服装造型设计的需要，利用工艺手段去掉衣片余量形成合体效果的工艺，由省底和省尖两部分组成，按功能和形态进行分类 |
| 肩省 | 为了塑造前胸与后背的隆起状态，前肩省是收去前中心线处多余部分，使前胸隆起，后肩省是为了符合肩胛骨的隆起状态 |
| 领省 | 省底在领口部位的省道，作用是为了做出胸部和背部的隆起状态，还常用于连衣领的结构设计 |

（续表）

| 名称 | 说　明 |
| --- | --- |
| 袖窿省 | 省底设在袖窿线上，省尖指向 BP 点，对做出胸部的造型起重要作用 |
| 侧缝省 | 省底设在侧缝部位，主要为了做出前胸隆起的状态 |
| 腰省 | 省底在腰部的省道，可塑造胸部的隆起和腰部的曲线 |
| 肋省 | 省底在肋下部位，使服装的造型呈现人体曲线美 |
| 肚省 | 在前衣身腹下的省道，常用于凸肚体型的服装制作，一般与大袋口巧妙搭配，使省道处于隐藏状态 |
| 褶 | 为适合体型和服装造型的需要，将部分衣料所做的收进量，上端缝合固定，下端不缝合呈活口形状，分连续性抽褶与非连续性抽褶两种 |
| 裥 | 为适合体型和服装造型的需要，将部分衣料折叠熨烫而成，可分为顺褶、箱形褶、隐形褶等 |
| 衩 | 为使服装穿脱、行走方便和服装造型的需要而设置的开口形式，按开口的部位不同有不同的名称，如袖衩、背衩 |
| 分割缝 | 为适合人体造型和服装造型的需要，将衣身、袖身、裤身、裙身等部位进行分割形成的缝，如刀背缝、公主分割缝 |
| 塔克 | 是在裥的基础上，将布料折成连口后缉细缝，起装饰作用 |

**（四）制图术语**

结构设计中的常用术语及其含义见表 1-3-7。

**表 1-3-7　结构设计中的常用术语及其含义**

| 名称 | 说　明 |
| --- | --- |
| 画顺 | 使直线与弧线的连接或弧线与弧线的连接圆顺流畅 |
| 劈势（撇势） | 净缝线与基础线偏斜的距离 |
| 翘势（起翘） | 底边，袖口、裤腰的翘起与基础线的距离 |
| 凹势 | 为了便于画顺袖窿、袖窿门、袖山等弧线所注明的尺寸 |
| 困势 | 裤后片后裆线比基础线倾斜的程度和配领时领底线的倾斜度 |
| 刀眼（剪口、对刀） | 为了便于两个需缝合的裁片对准位置，在衣片、领片和袖片等裁片上所剪的小缺口，作对位记号用 |
| 里外匀 | 又称“窝势”“窝服”，人的体形可以看作圆柱体，当缝制双层以上衣料时，就需采用里外匀工艺。里外匀就是外层均匀地比里层宽出一点，使两层衣料相叠成自然卷曲状态，卷曲程度越大，窝势越足。缝制里外匀的方法：拉紧里层，对应地放松外层，可利用缝纫机送布牙“上赶下吃”的原理，使上层（里层）紧，下层（外层）松 |
| 缝合、缉线、装袖（绱袖） | 缝合以暗线为主，将两片或两片以上的裁片缉合在一起，面料正面无线迹；缉线是以明线为主，面料正面有整齐的线迹；装袖是以暗线为主，面料正面无线迹 |

（续表）

| 名称 | 说　明 |
|---|---|
| 回口（拉开） | 裁片的横料和斜料（特别是质地稀疏的织物）容易被拉松弛，如领弧线的斜丝处、袋口嵌条、止口等，不慎就容易拉回或做回，习惯上叫回口 |
| 链形 | 又称“裂形”“扭形”，指在同一个缝纫部位，分两次缝纫（如缉双止口或骑缝法装裤腰），操作时由于没有注意缝纫机下层送料快、上层送料慢的特性，结果两道缝线发生相互错位，形成斜的链形 |
| 丝缕 | 丝缕有横、直、斜之分，与经纱平行的方向为直丝缕，与纬纱平行的方向为横丝缕，与直丝、横丝都不平行的则为斜丝缕 |

## 项目小结

1. 服装结构设计影响因素有设计、材料和工艺，处于生产制作的中间环节，起到承上启下的作用。

2. 熟练掌握制版工具的使用方法是合格版师必备的技能，善于使用直尺推曲线，裁布和纸样的剪刀分开使用。

3. 服装结构设计中需要有统一的纸样绘制符号和制图规则，为工业化生产提供方便。

## 项目训练

1. 服装结构设计在服装造型中的作用和地位。
2. 认识并练习使用各种服装制版工具，了解其使用方法以及功能，练习直尺推曲线。
3. 基础线、结构线及轮廓线分别包括哪些线条，在结构制图中有什么区别？
4. 熟记服装制图符号及代号。

# 项目二 女性下肢结构特征与下装规格

## 项目描述

一件服装的功能性与美观性,是根据着装者着装后的效果进行评价的。人体是服装设计的基础,在服装结构设计前,了解人体的结构特征和运动机能,将其作为服装结构设计的重要依据是十分必要的。

本项目将分析女性下肢结构特征,进行人体测量,得出下装规格,从而为女下装结构设计做好前期的准备工作。

## 知识目标

1. 了解女性下肢结构特征。
2. 掌握人体测量的要领和方法。
3. 熟悉我国女子服装号型标准。
4. 熟知女下装人体参考尺寸及参考数据。

## 能力目标

1. 能够熟练使用测量工具,准确进行人体测量。
2. 能够根据国家服装号型标准进行女下装成衣规格的制定。

## 任务一 女性下肢结构特征分析

人体的下肢是指腰围线以下的部位,是由胯部、腿部、足部组成的,下肢结构起到支撑人的身体的作用,是人体运动量最大的部位。因此,下装的设计不仅需要考虑下肢结构特征,而且需考虑下肢的运动规律。

### 一、人体平衡关系

人体可以分为头、躯干、上肢、下肢四个部分。其中躯干包括颈、胸、腹背等部位;上肢包括肩、上臂、肘、下臂、腕、手等部位;下肢包括胯、大腿、膝、小腿、踝、脚等部位。躯干是人体的主体部分,对人体的体型有决定性的影响,所以了解躯干肌肉的形体状态对服装结构设计是十分重要的。躯干由腰部将胸部和臀部相连接,使人体呈现为平衡的运动体。从静态观察其形体特征,胸部前身最高点是胸乳点,此凸点相对靠近腰部,背部最高点是肩胛点

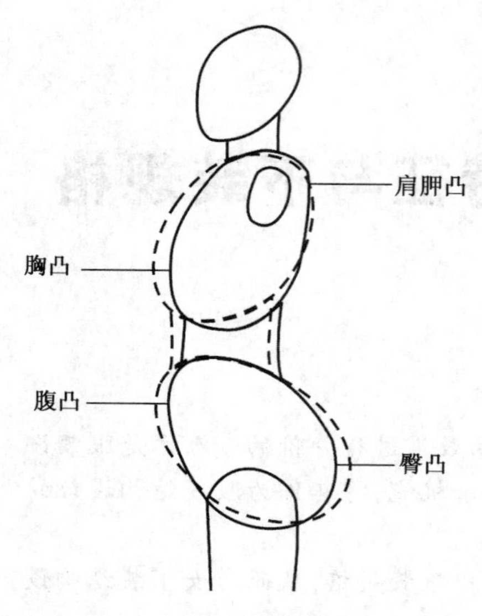

图 2-1-1 "斜蛋形"人体节律平衡

并相对远离腰部。因此，侧面观察胸部呈现出向后倾斜的蛋形。为了与胸部取得平衡，臀部是一个与胸部相反的向前倾斜的蛋形，它们由腰部连接着，形成人体躯干的节律，如图 2-1-1 所示。

## 二、女性下肢的形态与下装造型的关系

骨盆与股骨的连接处，对裙子与裤子起支撑作用；股骨与小腿骨连接形态决定人的腿型，是影响下肢服装造型设计的重要因素。下肢肌肉由腰腹部、腰臀部、大腿部、小腿部等肌肉群组成。腹肌与臀大肌决定整个支撑部位的造型，是影响下装腰围与臀围造型的重要因素，臀大肌还决定裤子后裆线的造型。

### （一）人体下肢形态

决定人体体型的基本因素是骨骼、关节、肌肉等，而这些因素是下肢服装设计的重要依据。下肢骨骼由骨盆、股骨、小腿骨、足骨等部位组成。股骨与小腿骨连接，其形态决定人的腿型，而腿型是进行裤装裤腿设计的重要影响因素，如一般 O 型腿、X 型腿应尽量避免紧身裤装的设计。在人体自然站立时，腿内侧在一直线上，大腿根、膝内侧、腿肚内侧都处于接触状态为标准型腿；膝内侧离开，可夹一个拳头的为 O 型腿；膝内靠紧而内踝处离开的形态为 X 型腿，如图 2-1-2 所示。

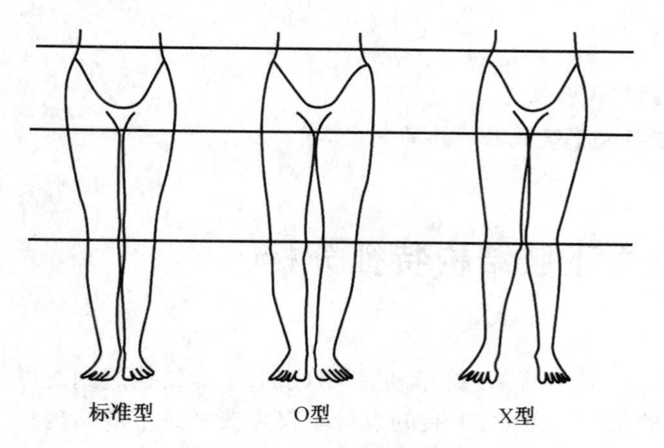

图 2-1-2 人体下肢形态

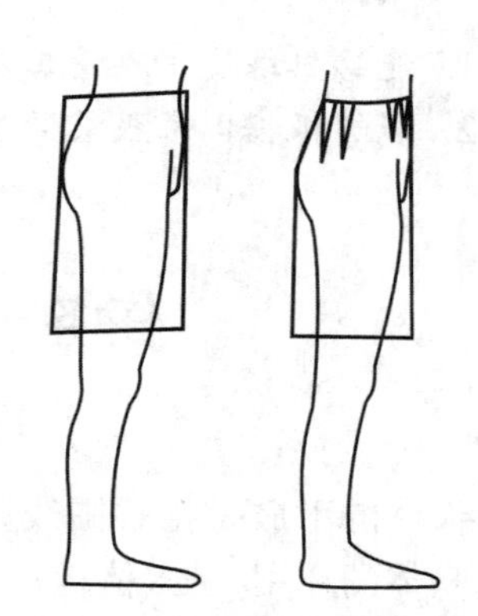
图 2-1-3 裙装与下肢结构的关系

### （二）裙装与下肢结构的关系

在裙子的结构设计中，人体的腰围、臀围存在着差值，而且腰线呈现的是前高后低的形态，这说明裙片前后的腰线不在同一水平线上，要使下装贴合人体就需要在腰部利用省道及其他方法使平面的布料立体化，与人体形态相贴合，如图 2-1-3 所示。

从腰线到臀围线的体表曲面是一个不规则的曲面，而且人体的腹凸点靠上，臀凸点靠下，所以在设置省道时腹部的省短，臀部的省长，可根据人体结构特征进行省道分配、调整。

同时在进行下装设计时应注意人体在行走、坐立等动作时的影响，所以在进行下装设计时需考虑加入适度的松量。

### （三）裤装与下肢结构的关系

腰围线是服装重要的结构线，它把人体分成上肢和下肢。下肢是人体运动量最大的部位，所以在进行下装设计时既要满足服装造型的修饰性，又要满足人体运动的功能性。将女性下肢按体表与下装的关系区分可分为贴合区、作用区、自由区和设计区，如图2-1-4所示。

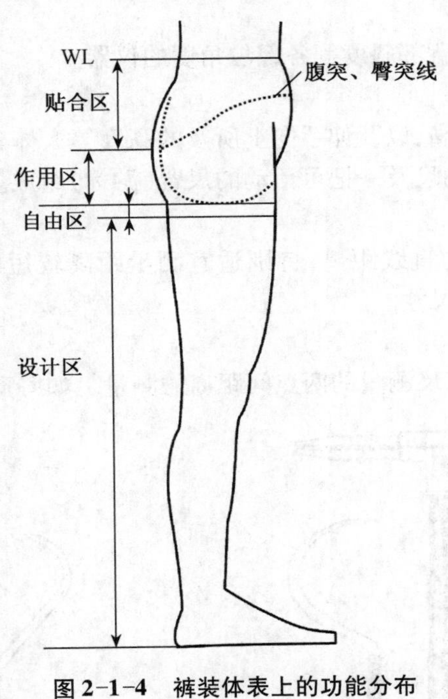


图2-1-4 裤装体表上的功能分布

1. 贴合区

裤子的支撑区域，将臀腰差进行收褶或省道处理，形成的密切贴合区。

2. 作用区

包含臀沟和臀底易偏移的部分，是主要的运动功能实现区域。

3. 自由区

也称装饰区，是对于臀底剧烈偏移调整用的空间，是裤子的裆底部自由造型区间。

4. 设计区

进行轮廓造型设计的区域，可以设计长度、宽度、褶、分割等各种不同造型。

## 任务二 体型观察与测体

人体测量是服装结构设计的基础依据，要准确地测量人体就必须对人体的基准点、基准线有一定的了解,测量者与被测量者相互配合,正确地观察人体。只有准确测量,才能制作出穿着合体、美观大方的服装。

## 一、人体测量工具

1. 软尺

常用于测量人体尺寸,如体表长度、宽度及围度。一般的软尺长度为150 cm,两面标识不一样的计量单位刻度,一面是寸(英寸和市寸),一面是厘米。

2. 角度计

用于测量人体肩斜度、背部斜度等各部位角度的仪器。

3. 人体测高仪

主要用来测量身高、坐高,以及伸手向上所及的高度等人体各部位高度尺寸,由一杆刻度以毫米为单位垂直安装的尺及一把可活动的尺臂(游标)组成。

4. 人体测量用直角规

主要用来测量两点间的直线距离,特别适宜测量距离较短的不规则部位的宽度或直径。如耳、脸、手、足部位的尺寸。

5. 人体测量用弯角规

用于人体不能直接以直尺测量的两点间距离的测量。如肩宽、胸厚等部位的尺寸。

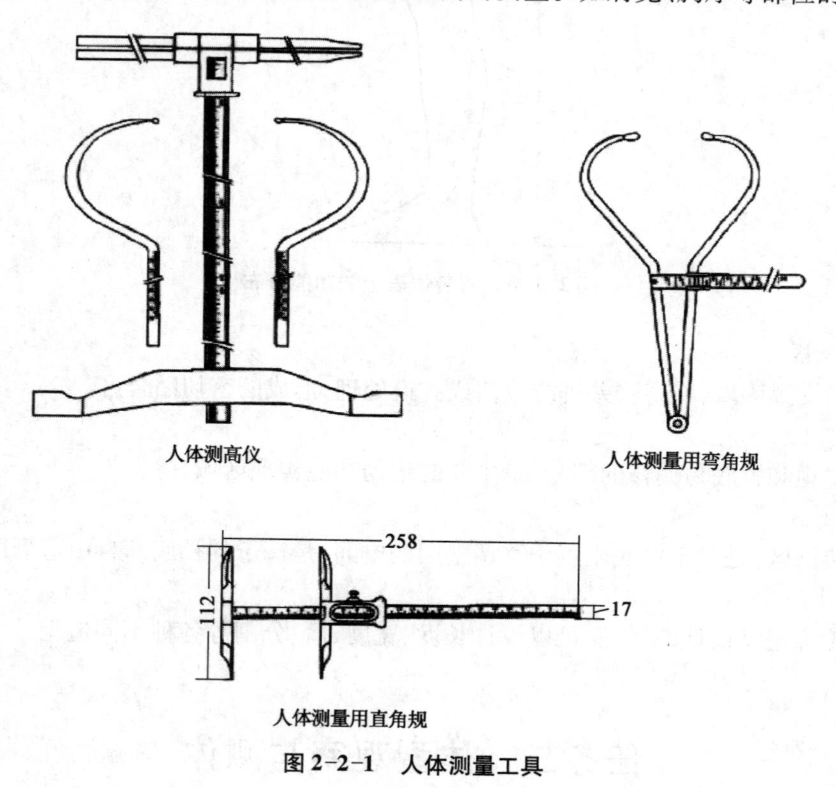


图 2-2-1　人体测量工具

6. 人体截面测量仪

用于测量人体水平与垂直横截面尺寸的仪器。

7. 现代化测量工具

如三维人体测量仪、电子激光扫描、摄影仪等。

部分人体测量工具如图 2-2-1 所示。

## 二、体型观察与人体测量的基本要求

### (一) 对测量者的基本要求

首先测量者应观察被测量者体型特征，是否有特殊部位，若是特殊体型应符号记载，以备进行服装结构设计时参考(图 2-2-2)。

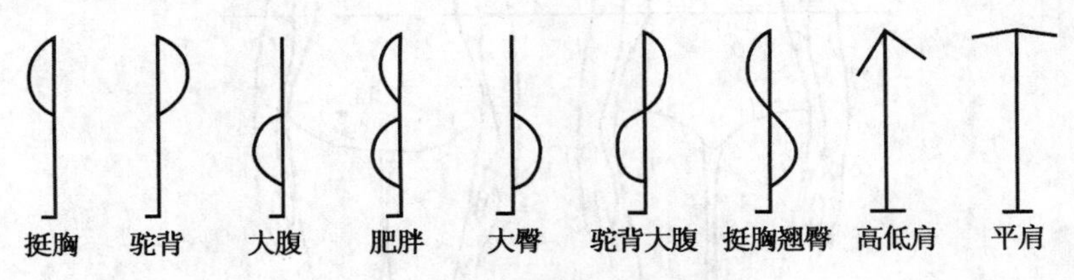


图 2-2-2　特殊体型符号

测量者应熟练掌握各种服装所需的测量部位，合理掌握测量顺序和部位，正确进行人体测量。

测量时软尺不能拉得太紧或太松，以顺势贴身为宜。

### (二) 对被测量者的基本要求

测量时被测量者取直立或静坐两种姿势。

正确的立姿。被测者挺胸直立，平视前方，头部保持水平，肩部自然伸展，两臂自然下垂贴于身体两侧，左、右足跟并拢而前端分开，呈 45°夹角。

正确的坐姿。被测者挺胸坐在被调节到适合高度的座椅平面上，平视前方，左、右大腿基本与地面平行，膝盖成直角，足平放在地面上，手轻放在大腿上。

被测量者不宜穿着过量衣服，一般穿着内衣，如文胸、紧身衣。

## 三、基本部位的测量方法

人体主要基准点、基准线是根据人体特征和测量的需求而设定的。只有熟练地掌握了人体的基本结构，才能准确测量人体，从而进行服装设计，创造出造型更加合体、美观的服装。基准点和基准线应选择在人体上明显、固定、易测，且不会因时间、生理变化而改变的部位，通常可选在骨骼的端点、突出点或肌肉的沟槽等部位。

### (一) 人体主要基准点的构成

如图 2-2-3 所示。

1. 头顶点

骨骼点，位于人体头顶部最高点，在人体中心线上，是身高测量的基准点。

2. 颈围前中心点

位于颈部两锁骨的中心点上。

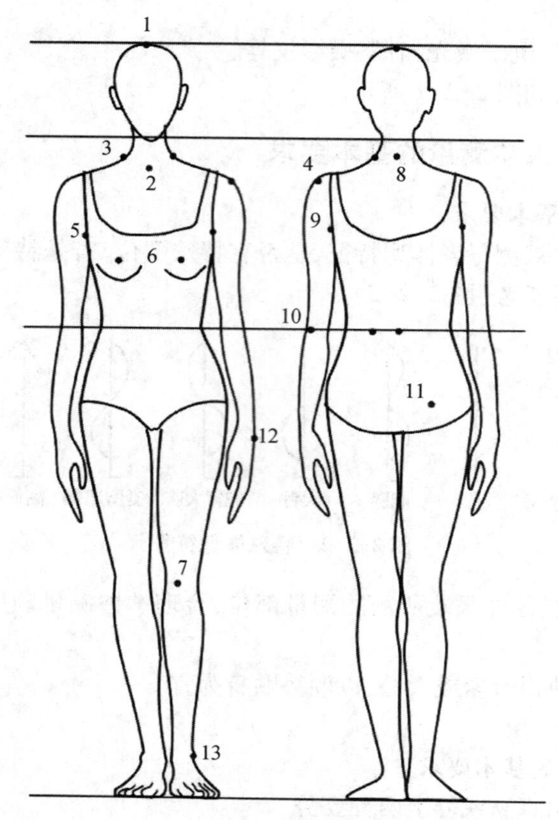

图 2-2-3　人体主要基准点

3. 颈侧点

位于颈侧面根部，从人体侧面观察，位于颈根部宽度的中心点偏后的位置，此基准点不是骨骼点，比较难确定，需认真斟酌。

4. 肩端点

位于肩峰点偏前的位置，是衣袖缝合线袖山的位置，同样也是肩宽、袖长确定的基准点。

5. 前腋点

手臂自然下垂时，手臂根部与体干部在前面形成皱纹的起点。

6. 乳凸点(胸高点)

乳房最突出的点或穿戴文胸时胸部最高点。

7. 髌骨点

骨骼点，膝盖骨的中心点。

8. 颈围后中心点(颈椎点)

颈椎第七个突出部分，是背长测量的基准点，头部向前倾时会出现凸起，可以观察和感知。

9. 后腋点

手臂自然下垂时，手臂根部与体干部在后面形成皱纹的起点。

10. 肘点

上肢弯曲时肘关节向外最突出的点。

11. 臀突点

臀部向后最突出点。

12. 手根点

骨骼点,手腕部后外侧最突出点,是测量袖长的基准点。

13. 踝点

骨骼点,外踝关节突出点。

### (二)人体主要基准线的构成

1. 颈根围线

基准线经过颈部前、后中心点、颈侧点围绕一周,是人体躯干与颈部的分界线。

2. 臂根围线

基准线经过腋窝底、腋点、肩端点围绕一周,是人体躯干与上肢的分界线。

3. 胸围线

基准线经过两乳头点水平围绕一周。

4. 腰围线

基准线经过人体腰部最细部位水平围绕一周。

5. 臀围线

基准线经过人体臀部最丰满部位水平围绕一周。

6. 肘围线

基准线经过肘关节水平围绕一周。

7. 膝围线

基准线经过膝盖中点水平围绕一周。

## 四、测量人体的顺序

为了方便各部位的测量和不遗漏任何应该测量的部位,人体测量需要按照一定的顺序,一般为先围度、后长度、再宽度(图2-2-4)。

1. 颈根围

经过颈部前、后中心点和颈侧点围量一周。

2. 胸围

经过两乳头点,在胸部最高处水平围量一周。

3. 腰围

经过腰节点,在腰部最细处水平围量一周。

4. 臀围

经过臀突点,在臀部最丰满处水平围量一周。注意:腹部突出或大腿部较粗的人,需斟酌增加尺寸。

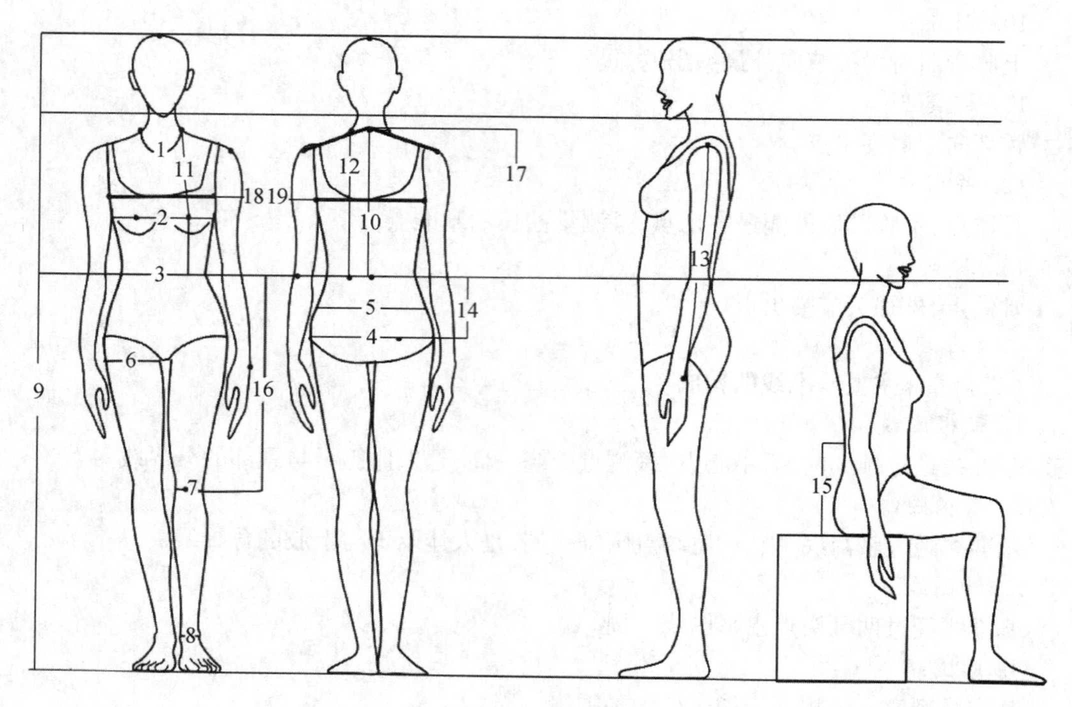


图 2-2-4 人体测量

5. 中臀围

在腰围线至臀围线的 1/2 处水平围量一周。

6. 大腿围

经过臀跟部水平围量一周。

7. 膝围

经过髌骨点水平围量一周。

8. 脚踝围

经过踝点水平围量一周。

9. 身高

从头顶点垂直向下到地面的长度。

10. 背长

从第七颈椎点延背形曲线向下测量至腰围线的长度。

11. 前腰节长

从侧颈点沿乳点向下至腰围线的长度。

12. 后腰节长

从侧颈点沿肩胛骨向下至腰围线的长度。

13. 手臂长

从肩端点沿手臂量至手腕点的长度。

14. 腰长

即臀长，从后腰节点沿臀部体型量至臀突点的长度。

15. 股上长

从后腰节点量至臀下线的长度。通常被测者坐在椅子上，然后从腰线随体量至椅子平面，也称为“坐高”。

16. 膝长

从腰围线量至髌骨中点的长度。

17. 肩宽

从左肩端点起，经过第七颈椎点量至右肩端点。

18. 胸宽

从左腋点起，经过胸部量至右腋点。

19. 背宽

从左腋点起，经过背部量至右腋点。

# 任务三　下装规格及参考尺寸

## 一、我国女子服装号型标准

我国服装号型标准是在人体测量的基础上，根据服装生产需要制定的一套人体尺寸系统，是服装生产和技术研究的依据，包括成年男子标准、成年女子标准和儿童标准三部分。现行《服装号型 女子》国家标准于 2009 年 8 月 1 日实施，其代号为 GB/T 1335.2－2008，适用于成批生产的女子服装。

《服装号型》国家标准的实施对服装企业组织生产、加强管理、提高服装质量，对服装经营提高服务质量，对消费者选购成衣都有很大的帮助。

### （一）术语和定义

1. 号

人体的身高，以厘米为单位表示，是设计和选购服装长度的依据。

2. 型

人体的上体胸围或下体腰围，以厘米为单位表示，是设计和选购服装围度的依据。

3. 体型

以人体的胸围与腰围的差数为依据来划分的人体类型。体型划分为四类，分类代号分别为 Y、A、B、C。

4. 体型分类代号表示

（1）Y 体型表示胸围与腰围的差数在 19～24 cm 之间。

（2）A 体型表示胸围与腰围的差数在 14～18 cm 之间。

（3）B 体型表示胸围与腰围的差数在 9～13 cm 之间。

（4）C 体型表示胸围与腰围的差数在 4～8 cm 之间。

### （二）号型标志

1. 上下装分别标明号型

2. 号型表示方法

号与型之间用斜线分开，后接体型分类代号。如：上装160/84A，其中160代表号，84代表型，A代表体型分类；下装160/68A，其中160代表号，68代表型，A代表体型分类。

3. 号型系列

号型系列是把人体的号和型有规则地分档排列，以各体型的中间体为中心向两边依次递增或递减，身高与胸围搭配组成5·4号型系列，身高与腰围搭配组成5·4、5·2号型系列。

（1）设置中间体

根据大量实测的人体数据，通过计算，求出均值，即中间体。它反映了我国成年女子各类体型的身高、胸围、腰围等部位的平均水平，见表2-3-1。

**表2-3-1　中间体设置表**　　单位：cm

| 女子体型 | Y | A | B | C |
| --- | --- | --- | --- | --- |
| 身高 | 160 | 160 | 160 | 160 |
| 胸围 | 84 | 84 | 88 | 88 |
| 腰围 | 64 | 68 | 78 | 82 |

（2）号型系列表

a. 5·4、5·2Y号型系列，见表2-3-2。

**表2-3-2　5·4、5·2Y号型系列**　　单位：cm

| Y | | | | | | | | | | | | | | | | |
| --- | --- | --- | --- | --- | --- | --- | --- | --- | --- | --- | --- | --- | --- | --- | --- | --- |
| 胸围 | 身高 | | | | | | | | | | | | | | | |
| | 145 | | 150 | | 155 | | 160 | | 165 | | 170 | | 175 | | 180 | |
| | 腰围 | | | | | | | | | | | | | | | |
| 72 | 50 | 52 | 50 | 52 | 50 | 52 | 50 | 52 | | | | | | | | |
| 76 | 54 | 56 | 54 | 56 | 54 | 56 | 54 | 56 | 54 | 56 | | | | | | |
| 80 | 58 | 60 | 58 | 60 | 58 | 60 | 58 | 60 | 58 | 60 | 58 | 60 | | | | |
| 84 | 62 | 64 | 62 | 64 | 62 | 64 | 62 | 64 | 62 | 64 | 62 | 64 | 62 | 64 | | |
| 88 | 66 | 68 | 66 | 68 | 66 | 68 | 66 | 68 | 66 | 68 | 66 | 68 | 66 | 68 | 66 | 68 |
| 92 | | | 70 | 72 | 70 | 72 | 70 | 72 | 70 | 72 | 70 | 72 | 70 | 72 | 70 | 72 |
| 96 | | | | | 74 | 76 | 74 | 76 | 74 | 76 | 74 | 76 | 74 | 76 | 74 | 76 |
| 100 | | | | | | | 78 | 80 | 78 | 80 | 78 | 80 | 78 | 80 | 78 | 80 |

b. 5·4、5·2A 号型系列，见表 2-3-3。

**表 2-3-3　5·4、5·2A 号型系列**　　单位：cm

| A | | | | | | | | | | | | | | | | | | | | | | | | |
|---|---|---|---|---|---|---|---|---|---|---|---|---|---|---|---|---|---|---|---|---|---|---|---|---|
| 胸围 | 身高 | | | | | | | | | | | | | | | | | | | | | | | |
| | 145 | | | 150 | | | 155 | | | 160 | | | 165 | | | 170 | | | 175 | | | 180 | | |
| | 腰围 | | | | | | | | | | | | | | | | | | | | | | | |
| 72 | | | | 54 | 56 | 58 | 54 | 56 | 58 | 54 | 56 | 58 | | | | | | | | | | | | |
| 76 | 58 | 60 | 62 | 58 | 60 | 62 | 58 | 60 | 62 | 58 | 60 | 62 | 58 | 60 | 62 | | | | | | | | | |
| 80 | 62 | 64 | 66 | 62 | 64 | 66 | 62 | 64 | 66 | 62 | 64 | 66 | 62 | 64 | 66 | 62 | 64 | 66 | | | | | | |
| 84 | 66 | 68 | 70 | 66 | 68 | 70 | 66 | 68 | 70 | 66 | 68 | 70 | 66 | 68 | 70 | 66 | 68 | 70 | 66 | 68 | 70 | | | |
| 88 | 70 | 72 | 74 | 70 | 72 | 74 | 70 | 72 | 74 | 70 | 72 | 74 | 70 | 72 | 74 | 70 | 72 | 74 | 70 | 72 | 74 | 70 | 72 | 74 |
| 92 | | | | 74 | 76 | 78 | 74 | 76 | 78 | 74 | 76 | 78 | 74 | 76 | 78 | 74 | 76 | 78 | 74 | 76 | 78 | 74 | 76 | 78 |
| 96 | | | | | | | 78 | 80 | 82 | 78 | 80 | 82 | 78 | 80 | 82 | 78 | 80 | 82 | 78 | 80 | 82 | 78 | 80 | 82 |
| 100 | | | | | | | | | | 82 | 84 | 86 | 82 | 84 | 86 | 82 | 84 | 86 | 82 | 84 | 86 | 82 | 84 | 86 |

c. 5·4、5·2B 号型系列，见表 2-3-4。

**表 2-3-4　5·4、5·2B 号型系列**　　单位：cm

| B | | | | | | | | | | | | | | | | |
|---|---|---|---|---|---|---|---|---|---|---|---|---|---|---|---|---|
| 胸围 | 身高 | | | | | | | | | | | | | | | |
| | 145 | | 150 | | 155 | | 160 | | 165 | | 170 | | 175 | | 180 | |
| | 腰围 | | | | | | | | | | | | | | | |
| 68 | | | 56 | 58 | 56 | 58 | 56 | 58 | | | | | | | | |
| 72 | 60 | 62 | 60 | 62 | 60 | 62 | 60 | 62 | 60 | 62 | | | | | | |
| 76 | 64 | 66 | 64 | 66 | 64 | 66 | 64 | 66 | 64 | 66 | | | | | | |
| 80 | 68 | 70 | 68 | 70 | 68 | 70 | 68 | 70 | 68 | 70 | 68 | 70 | | | | |
| 84 | 72 | 74 | 72 | 74 | 72 | 74 | 72 | 74 | 72 | 74 | 72 | 74 | 72 | 74 | | |
| 88 | 76 | 78 | 76 | 78 | 76 | 78 | 76 | 78 | 76 | 78 | 76 | 78 | 76 | 78 | 76 | 78 |
| 92 | 80 | 82 | 80 | 82 | 80 | 82 | 80 | 82 | 80 | 82 | 80 | 82 | 80 | 82 | 80 | 82 |
| 96 | | | 84 | 86 | 84 | 86 | 84 | 86 | 84 | 86 | 84 | 86 | 84 | 86 | 84 | 86 |
| 100 | | | | | 88 | 90 | 88 | 90 | 88 | 90 | 88 | 90 | 88 | 90 | 88 | 90 |
| 104 | | | | | | | 92 | 94 | 92 | 94 | 92 | 94 | 92 | 94 | 92 | 94 |
| 108 | | | | | | | | | 96 | 98 | 96 | 98 | 96 | 98 | 96 | 98 |

d. 5·4、5·2C 号型系列，见表 2-3-5。

**表 2-3-5　5·4、5·2C 号型系列**　　单位:cm

| 胸围 | C | | | | | | | | | | | | | | | |
|---|---|---|---|---|---|---|---|---|---|---|---|---|---|---|---|---|
| | 身高 | | | | | | | | | | | | | | | |
| | 145 | | 150 | | 155 | | 160 | | 165 | | 170 | | 175 | | 180 | |
| | 腰围 | | | | | | | | | | | | | | | |
| 68 | 60 | 62 | 60 | 62 | 60 | 62 | | | | | | | | | | |
| 72 | 64 | 66 | 64 | 66 | 64 | 66 | 64 | 66 | | | | | | | | |
| 76 | 68 | 70 | 68 | 70 | 68 | 70 | 68 | 70 | | | | | | | | |
| 80 | 72 | 74 | 72 | 74 | 72 | 74 | 72 | 74 | 72 | 74 | | | | | | |
| 84 | 76 | 78 | 76 | 78 | 76 | 78 | 76 | 78 | 76 | 78 | 76 | 78 | | | | |
| 88 | 80 | 82 | 80 | 82 | 80 | 82 | 80 | 82 | 80 | 82 | 80 | 82 | | | | |
| 92 | 84 | 86 | 84 | 86 | 84 | 86 | 84 | 86 | 84 | 86 | 84 | 86 | 84 | 86 | | |
| 96 | | | 88 | 90 | 88 | 90 | 88 | 90 | 88 | 90 | 88 | 90 | 88 | 90 | 88 | 90 |
| 100 | | | 92 | 94 | 92 | 94 | 92 | 94 | 92 | 94 | 92 | 94 | 92 | 94 | 92 | 94 |
| 104 | | | | | 96 | 98 | 96 | 98 | 96 | 98 | 96 | 98 | 96 | 98 | 96 | 98 |
| 108 | | | | | | | 100 | 102 | 100 | 102 | 100 | 102 | 100 | 102 | 100 | 102 |
| 112 | | | | | | | | | 104 | 106 | 104 | 106 | 104 | 106 | 104 | 106 |

(3) 控制部位数值

控制部位数值是指人体主要部位的数值(净体数值),是设计服装规格的依据。长度方向有:身高、颈椎点高、坐姿颈椎点高、腰围高、全臂长。围度方向有:胸围、腰围、臀围、颈围以及总肩宽。控制部位表的功能和通用的国际标准参考尺寸相同,表 2-3-6 ~ 表 2-3-9 分别为服装号型各系列控制部位数值。

a. 5·4、5·2Y 号型系列控制部位数值,见表 2-3-6。

**表 2-3-6　5·4、5·2Y 号型系列控制部位数值**　　单位:cm

| 部位 | Y | | | | | | | | | | | | | | | |
|---|---|---|---|---|---|---|---|---|---|---|---|---|---|---|---|---|
| | 数值 | | | | | | | | | | | | | | | |
| 身高 | 145 | | 150 | | 155 | | 160 | | 165 | | 170 | | 175 | | 180 | |
| 颈椎点高 | 124.0 | | 128.0 | | 132.0 | | 136.0 | | 140.0 | | 144.0 | | 148.0 | | 152.0 | |
| 坐姿颈椎点高 | 56.5 | | 58.5 | | 60.5 | | 62.5 | | 64.5 | | 66.5 | | 68.5 | | 70.5 | |
| 全臂长 | 46.0 | | 47.5 | | 49.0 | | 50.5 | | 52.0 | | 53.5 | | 55.0 | | 56.5 | |
| 腰围高 | 89.0 | | 92.0 | | 95.0 | | 98.0 | | 101.0 | | 104.0 | | 107.0 | | 110.0 | |
| 胸围 | 72 | | 76 | | 80 | | 84 | | 88 | | 92 | | 96 | | 100 | |
| 颈围 | 31.0 | | 31.8 | | 32.6 | | 33.4 | | 34.2 | | 35.0 | | 35.8 | | 36.6 | |
| 总肩宽 | 37.0 | | 38.0 | | 39.0 | | 40.0 | | 41.0 | | 42.0 | | 43.0 | | 44.0 | |
| 腰围 | 50 | 52 | 54 | 56 | 58 | 60 | 62 | 64 | 66 | 68 | 70 | 72 | 74 | 76 | 78 | 80 |
| 臀围 | 77.4 | 79.2 | 81.0 | 82.8 | 84.6 | 86.4 | 88.2 | 90.0 | 91.8 | 93.6 | 95.4 | 97.2 | 99.0 | 100.8 | 102.6 | 104.4 |

b. 5·4、5·2A 号型系列控制部位数值,见表 2-3-7。

c. 5·4、5·2B 号型系列控制部位数值,见表 2-3-8。

d. 5·4、5·2C 号型系列控制部位数值,见表 2-3-9。

表 2-3-7　5・4、5・2A 号型系列控制部位数值

单位:cm

<table>
<tr><th colspan="25">A</th></tr>
<tr><th>部位</th><th colspan="24">数值</th></tr>
<tr><td>身高</td><td colspan="3">145</td><td colspan="3">150</td><td colspan="3">155</td><td colspan="3">160</td><td colspan="3">165</td><td colspan="3">170</td><td colspan="3">175</td><td colspan="3">180</td></tr>
<tr><td>颈椎点高</td><td colspan="3">124.0</td><td colspan="3">128.0</td><td colspan="3">132.0</td><td colspan="3">136.0</td><td colspan="3">140.0</td><td colspan="3">144.0</td><td colspan="3">148.0</td><td colspan="3">152.0</td></tr>
<tr><td>坐姿颈椎点高</td><td colspan="3">56.5</td><td colspan="3">58.5</td><td colspan="3">60.5</td><td colspan="3">62.5</td><td colspan="3">64.5</td><td colspan="3">66.5</td><td colspan="3">68.5</td><td colspan="3">70.5</td></tr>
<tr><td>全臂长</td><td colspan="3">46.0</td><td colspan="3">47.5</td><td colspan="3">49.0</td><td colspan="3">50.5</td><td colspan="3">52.0</td><td colspan="3">53.5</td><td colspan="3">55.0</td><td colspan="3">56.5</td></tr>
<tr><td>腰围高</td><td colspan="3">89.0</td><td colspan="3">92.0</td><td colspan="3">95.0</td><td colspan="3">98.0</td><td colspan="3">101.0</td><td colspan="3">104.0</td><td colspan="3">107.0</td><td colspan="3">110.0</td></tr>
<tr><td>胸围</td><td colspan="3">72</td><td colspan="3">76</td><td colspan="3">80</td><td colspan="3">84</td><td colspan="3">88</td><td colspan="3">92</td><td colspan="3">96</td><td colspan="3">100</td></tr>
<tr><td>颈围</td><td colspan="3">31.2</td><td colspan="3">32.0</td><td colspan="3">32.8</td><td colspan="3">33.6</td><td colspan="3">34.4</td><td colspan="3">35.2</td><td colspan="3">36.0</td><td colspan="3">36.8</td></tr>
<tr><td>总肩宽</td><td colspan="3">36.4</td><td colspan="3">37.4</td><td colspan="3">38.4</td><td colspan="3">39.4</td><td colspan="3">40.4</td><td colspan="3">41.4</td><td colspan="3">42.4</td><td colspan="3">43.4</td></tr>
<tr><td>腰围</td><td>54</td><td>56</td><td>58</td><td>58</td><td>60</td><td>62</td><td>62</td><td>64</td><td>66</td><td>66</td><td>68</td><td>70</td><td>70</td><td>72</td><td>74</td><td>74</td><td>76</td><td>78</td><td>78</td><td>80</td><td>82</td><td>82</td><td>84</td><td>86</td></tr>
<tr><td>臀围臀围</td><td>77.4</td><td>79.2</td><td>81.0</td><td>81.0</td><td>82.8</td><td>84.6</td><td>84.6</td><td>86.4</td><td>88.2</td><td>88.2</td><td>90.0</td><td>91.8</td><td>91.8</td><td>93.6</td><td>95.4</td><td>95.4</td><td>97.2</td><td>99.0</td><td>99.0</td><td>100.8</td><td>102.6</td><td>102.6</td><td>104.4</td><td>106.2</td></tr>
</table>

表 2-3-8　5・4、5・2B 号型系列控制部位数值

单位:cm

<table>
<tr><th colspan="23">B</th></tr>
<tr><td>身高</td><td colspan="3">145</td><td colspan="3">150</td><td colspan="2">155</td><td colspan="3">160</td><td colspan="3">165</td><td colspan="3">170</td><td colspan="3">175</td><td colspan="2">180</td></tr>
<tr><td>颈椎点高</td><td colspan="3">124.5</td><td colspan="3">128.5</td><td colspan="2">132.5</td><td colspan="3">136.5</td><td colspan="3">140.5</td><td colspan="3">144.5</td><td colspan="3">148.5</td><td colspan="2">152.5</td></tr>
<tr><td>坐姿颈椎点高</td><td colspan="3">57.0</td><td colspan="3">59.0</td><td colspan="2">61.0</td><td colspan="3">63.0</td><td colspan="3">65.0</td><td colspan="3">67.0</td><td colspan="3">69.0</td><td colspan="2">71.0</td></tr>
<tr><td>全臂长</td><td colspan="3">46.0</td><td colspan="3">47.5</td><td colspan="2">49.0</td><td colspan="3">50.5</td><td colspan="3">52.0</td><td colspan="3">53.5</td><td colspan="3">55.0</td><td colspan="2">56.5</td></tr>
<tr><td>腰围高</td><td colspan="3">89.0</td><td colspan="3">92.0</td><td colspan="2">95.0</td><td colspan="3">98.0</td><td colspan="3">101.0</td><td colspan="3">104.0</td><td colspan="3">107.0</td><td colspan="2">110.0</td></tr>
<tr><td>胸围</td><td colspan="2">68</td><td colspan="2">72</td><td colspan="2">76</td><td colspan="2">80</td><td colspan="2">84</td><td colspan="2">88</td><td colspan="2">92</td><td colspan="2">96</td><td colspan="2">100</td><td colspan="2">104</td><td colspan="2">108</td></tr>
<tr><td>颈围</td><td colspan="2">30.6</td><td colspan="2">31.4</td><td colspan="2">32.2</td><td colspan="2">33.0</td><td colspan="2">33.8</td><td colspan="2">34.6</td><td colspan="2">35.4</td><td colspan="2">36.2</td><td colspan="2">37.0</td><td colspan="2">37.8</td><td colspan="2">38.6</td></tr>
<tr><td>总肩宽</td><td colspan="2">34.8</td><td colspan="2">35.8</td><td colspan="2">36.8</td><td colspan="2">37.8</td><td colspan="2">38.8</td><td colspan="2">39.8</td><td colspan="2">40.8</td><td colspan="2">41.8</td><td colspan="2">42.8</td><td colspan="2">43.8</td><td colspan="2">44.8</td></tr>
<tr><td>腰围</td><td>56</td><td>58</td><td>60</td><td>62</td><td>64</td><td>66</td><td>68</td><td>70</td><td>72</td><td>74</td><td>76</td><td>78</td><td>80</td><td>82</td><td>84</td><td>86</td><td>88</td><td>90</td><td>92</td><td>94</td><td>96</td><td>98</td></tr>
<tr><td>臀围</td><td>78.4</td><td>80.0</td><td>81.6</td><td>83.2</td><td>84.8</td><td>86.4</td><td>88.0</td><td>89.6</td><td>91.2</td><td>92.8</td><td>94.4</td><td>96.0</td><td>97.6</td><td>99.2</td><td>100.8</td><td>102.4</td><td>104.0</td><td>105.6</td><td>107.2</td><td>108.8</td><td>110.4</td><td>112.0</td></tr>
</table>

表 2-3-9　5 · 4、5 · 2C 号型系列控制部位数值

单位：cm

| | C | | | | | | | | | | | | | | | | | | | | | | | |
|---|---|---|---|---|---|---|---|---|---|---|---|---|---|---|---|---|---|---|---|---|---|---|---|---|
| 身高 | 145 | | | 150 | | | 155 | | | 160 | | | 165 | | | 170 | | | 175 | | | 180 | | |
| 颈椎点高 | 124.5 | | | 128.5 | | | 132.5 | | | 136.5 | | | 140.5 | | | 144.5 | | | 148.5 | | | 152.5 | | |
| 坐姿颈椎点高 | 56.5 | | | 58.5 | | | 60.5 | | | 62.5 | | | 64.5 | | | 66.5 | | | 68.5 | | | 70.5 | | |
| 全臂长 | 46.0 | | | 47.5 | | | 49.0 | | | 50.5 | | | 52.0 | | | 53.5 | | | 55.0 | | | 56.5 | | |
| 腰围高 | 89.0 | | | 92.0 | | | 95.0 | | | 98.0 | | | 101.0 | | | 104.0 | | | 107.0 | | | 110.0 | | |
| 胸围 | 68 | | 72 | | 76 | | 80 | | 84 | | 88 | | 92 | | 96 | | 100 | | 104 | | 108 | | 112 | |
| 颈围 | 30.8 | | 31.6 | | 32.4 | | 33.2 | | 34.0 | | 34.8 | | 35.6 | | 36.4 | | 37.2 | | 38.0 | | 38.8 | | 39.6 | |
| 总肩宽 | 34.2 | | 35.2 | | 36.2 | | 37.2 | | 38.2 | | 39.2 | | 40.2 | | 41.2 | | 42.2 | | 43.2 | | 44.2 | | 45.2 | |
| 腰围 | 60 | 62 | 64 | 66 | 68 | 70 | 72 | 74 | 76 | 78 | 80 | 82 | 84 | 86 | 88 | 90 | 92 | 94 | 96 | 98 | 100 | 102 | 104 | 106 |
| 臀围 | 78.4 | 80.0 | 81.6 | 83.2 | 84.8 | 86.4 | 88.0 | 89.6 | 91.2 | 92.8 | 94.4 | 96.0 | 97.6 | 99.2 | 100.8 | 102.4 | 104.0 | 105.6 | 107.2 | 108.8 | 110.4 | 112.0 | 113.6 | 115.2 |

## 二、女子服装号型的应用

服装号型是成衣规格设计的基础，根据《服装号型》标准规定的控制部位数值，加上不同的放松量来设计服装规格。一般来说，我国内销服装的成品规格都应以号型系列的数据作为规格设计的依据，都必须按照服装号型系列所规定的有关要求和控制部位数值进行设计。

《服装号型》标准规定了不同身高、不同胸围及腰围人体各测量部位的分档数值，这实际上就是规定了服装成品规格的档差值。

以中间体为标准，当身高递增 5 cm，净胸围递减 4 cm，净腰围递减 4 cm 或 2 cm 时，服装主要成品规格的档差值见表 2-3-10。

**表 2-3-10　女子服装主要成品规格的档差值**　　单位：cm

| 规格名称 | 身高 | 后衣长 | 袖长 | 裤长 | 胸围 | 领围 | 总肩宽 | 腰围 | | 臀围 | |
|---|---|---|---|---|---|---|---|---|---|---|---|
| | | | | | | | | 5·4 | 5·2 | Y、A | B、C |
| 档差值 | 5 | 2 | 1.5 | 3 | 4 | 0.8 | 1 | 4 | 2 | 3.6、1.8 | 3.2、1.6 |

《服装号型》国家标准的应用步骤：

(1) 确定产品的使用范围，包括性别、身高、胸围、腰围的区间及体型。

(2) 确立中间体。

(3) 找出标准中关于各类体型中间体测量部位的数据。

(4) 根据折算公式将上述数据转换成中间体服装成品规格。

(5) 以中间体的规格为基准，按档差值有规律性的递减数据，推出区间内各档号型服装成品规格。

(6) 技术部门按各档规格数据制作生产用样板，并考虑批量、流水生产因素，适当在成品规格基础上增加一些余量，如对于质地比较紧密的面料，可在衣长、裤裙长规格上再增加 0.5 cm，袖长规格上增加 0.3 cm 等。

(7) 销售部门根据产品销往地区的设想按标准所列出的体型发布情况，确定各档规格的投产数，落实生产与销售。

(8) 质检部门依据服装号型的上述生成原则及标准规定，检验产品规格设置及使用标准是否一致、准确。

## 三、女下装人体参考尺寸及成品规格的确定

### (一) 以 160/68 为依据的女下装标准人体参考尺寸

见表 2-3-11。

**表 2-3-11　女下装标准人体参考尺寸**　　单位：cm

| 长度部位 | 身高 | 上裆长 | 下裆长 | 腰高 | 腰长 | 膝长 | 裤长 |
|---|---|---|---|---|---|---|---|
| 标准数据 | 160 | 25 | 73 | 98 | 18 | 58 | 98 |
| 围度部位 | 腰围 | 腹围 | 臀围 | 大腿根围 | 膝围 | 脚踝围 | 足围 |
| 标准数据 | 68 | 85 | 90 | 53 | 33 | 21 | 30 |

### （二）女下装成品规格的确定

1. 放松量确定的原则

（1）体型适合原则。肥胖体型的服装放松量要小些、紧凑些，瘦体型的人放松量可大些，以调整体型的缺陷。

（2）款式适合原则。决定放松量的最主要因素是服装的造型，服装的造型是指人穿着后的形状，它是忽略了服装各局部的细节特征的大效果，服装作为直观形象，出现在人们的视野里的首先是轮廓外型。体现服装廓型的最主要的因素就是肩、胸、腰、臀、臂及底摆的尺寸。

（3）合体程度原则。真实地表现人体，服装与人体形态吻合的紧身型服装，放松量小些；含蓄地表现人体，宽松、休闲、随意性的服装，放松量则大些。

（4）版型适合原则。不同版型的服装，其各部位的放松量是不同的，同一款式，不同的人打出的版型不同，最后的服装造型也千差万别。版型简洁贴体、有胸衬造型的服装放松量要小些，单衣、便服要大些。

（5）面料厚薄原则。厚重面料放松量要大些，轻薄类面料的放松量要小些。

2. 女下装成品规格的确定

（其中 a、b 为常数，视款式而定）

$$\text{裤长}=\begin{cases}0.3h-a\text{（短裤）}\\0.3h+a\sim0.3h-b\text{（中裤）}\\0.6h+(0\sim2)\text{cm（长裤）}\end{cases}$$

$$\text{上裆长(BR)}=0.1TL+0.1H+(8\sim10)\text{cm}$$

或 $0.25H+(3\sim5)\text{cm}$

$$\text{臀围(H)}=\text{净臀围}(H^{*})+\begin{cases}0\sim6\ \text{cm}\\6\sim12\ \text{cm}\\12\sim18\ \text{cm}\\>18\ \text{cm}\end{cases}$$

$$\text{脚口宽(SB)}=0.2H\pm b$$

## 项目小结

人体的下肢是腰围线以下的部位，是由胯部、腿部、足部组成的，下肢结构起到支撑人的身体的作用，是人体运动量最大的部位。因此，下装的设计不仅需要考虑下肢的结构特征，而且需考虑下肢的运动规律。

相关研究表明，人体通常正常走步的前后足距为 65 cm 左右，两膝之间的围度为 82 ~ 109 cm，大步行走时足距为 73 cm 左右，两膝围度为 90 ~ 112 cm，在进行裙装结构设计的时候应考虑裙摆的围度需满足基本的活动功能，而裤子的裆深与运动幅度成反比，裤子裆深越深对下肢的运动抑制越大，因此在进行裤装结构设计的时候应该合理设置裆深尺寸。

通过测量人体各部位尺寸来确定人体的形态特征，从而为成衣规格设计提供参考依据。

## 项目训练

### 一、思考题

1. 人体体型分类标准有哪些，如何具体分类？
2. 根据人体测量的要领和方法，填写人体测量实训任务单。

### 二、实训任务单卡

**人体测量实训任务单**

编制人：　　　　　　　　　　　　　　　　　　　　　　编制日期：

| 课程名称 | 服装结构设计 | 项目名称 | 实训一：人体测量 | 实训人员(小组) | |
|---|---|---|---|---|---|
| 实训学时 | 2 | 实训班级 | 开课班级 | 实训地点 | 服装综合实训室 |
| 实训目的 | 1. 学习使用各种人体测量工具<br>2. 掌握各部位人体测量方法 | | | | |
| 实训内容与要求 | 实训工具：<br>软尺、测高计、标志带<br>实训内容与要求：<br>1. 按照要求贴标志带，掌握标志带的贴法<br>2. 掌握不同部位人体测量方法<br>3. 掌握服装各部位测量与人体测量关系 | | | | |
| 操作方法 | 1. 使用软尺测量人体时，要适度地拉紧软尺，不宜过紧或过松，要保持测量时纵直横平<br>2. 要求被测量者立姿端正，保持自然，不低头，挺胸等，以免影响测量的准确性<br>3. 做好测量后的数据记录，特殊体型者除了加量特殊部位尺寸外，还应该特别注明特征和要求 | | | | |
| 核心提示 | 人体测量部位示意图 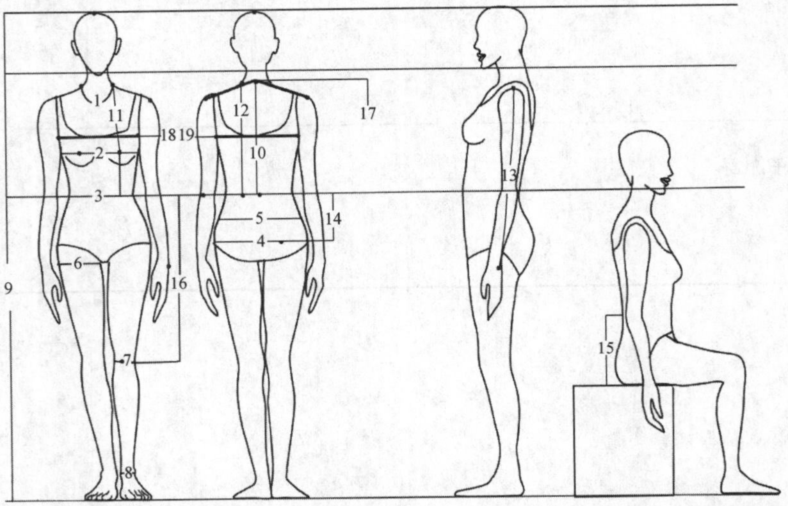<br>1 2 3 4 5 6 7 8 9 10 11 12 13 14 15 16 17 18 19 | | | | |

（续表）

<table>
<tr><td rowspan="13">测量结果</td><td colspan="4">人体测量数据表(单位:cm)</td></tr>
<tr><td colspan="4">被测者：　姓名：　年龄：　体重：　籍贯：</td></tr>
<tr><td>测量部位</td><td>测量数据</td><td>测量部位</td><td>测量数据</td></tr>
<tr><td>1. 颈根围</td><td></td><td>11. 前腰节长</td><td></td></tr>
<tr><td>2. 胸围</td><td></td><td>12. 后腰节长</td><td></td></tr>
<tr><td>3. 腰围</td><td></td><td>13. 手臂长</td><td></td></tr>
<tr><td>4. 臀围</td><td></td><td>14. 腰长</td><td></td></tr>
<tr><td>5. 中臀围</td><td></td><td>15. 股上长</td><td></td></tr>
<tr><td>6. 大腿围</td><td></td><td>16. 膝长</td><td></td></tr>
<tr><td>7. 膝围</td><td></td><td>17. 肩宽</td><td></td></tr>
<tr><td>8. 脚踝围</td><td></td><td>18. 胸宽</td><td></td></tr>
<tr><td>9. 身高</td><td></td><td>19. 背宽</td><td></td></tr>
<tr><td>10. 背长</td><td></td><td></td><td></td></tr>
<tr><td colspan="5">实训中的问题与结果评价</td></tr>
<tr><td colspan="5">实训体会</td></tr>
<tr><td colspan="5">教师评价</td></tr>
</table>

# 项目三　裙装结构设计

## 项目描述

在所有的服装品类中，裙装对人体的包装形式最为简单，因此裙装成为理解和掌握服装结构设计的基础，本项目将着重从裙装基本结构和变化结构的设计来阐述其设计技巧和原理。

## 知识目标

1. 了解裙装分类情况。
2. 了解裙装和人体体型之间的关系。
3. 了解裙装主要构成因素。
4. 掌握裙装结构设计原理和方法。
5. 掌握各种类型裙的结构特点及变化途径。

## 能力目标

1. 能够建立从立体服装到平面裁片的转换思维。
2. 能够准确分析各种类型的裙，并进行结构设计。

## 任务一　裙装结构设计基础

### 一、裙装分类

裙子一般指围在人体下身的服装，无裆缝。在古代被称为下裳，男女通用，现在则多指女性穿着的裙子。

#### （一）根据裙装廓型分类

分为紧身裙（窄摆裙、直身裙）、斜裙（A 型裙）、圆裙（图 3-1-1）。

#### （二）根据裙装腰线位置分类

分为低腰裙、中腰裙、高腰裙（图 3-1-2）。

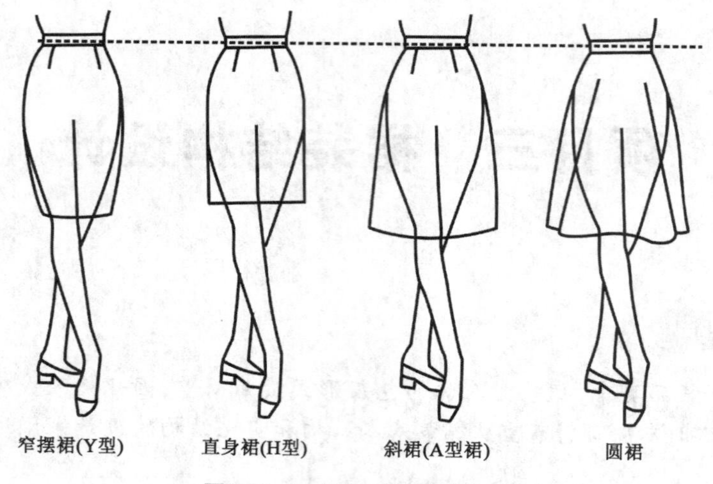


图 3-1-1　裙装不同廓型分类

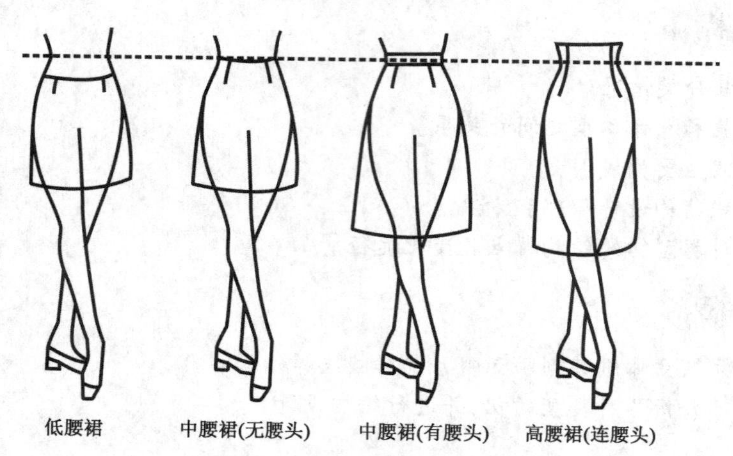


图 3-1-2　裙装按腰线位置分类

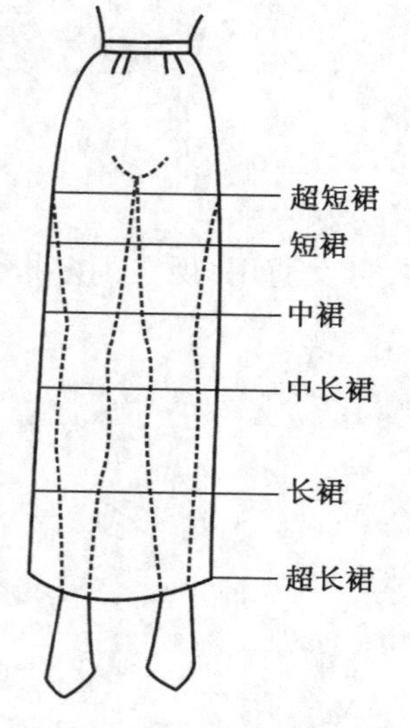


图 3-1-3　裙装按裙长分类

### （三）根据裙长分类

分为超短裙、短裙、中裙、中长裙、长裙、超长裙等（图 3-1-3）。

### （四）根据裙装结构造型来分

1. 直裙

包括裙摆两侧开衩的旗袍裙、后面中间下端开衩的一步裙、裙中间缝有阴裥的西服裙等。

2. 斜裙

包括独片裙、两片裙及多片裙。

3. 褶裙

包括百褶裙、皱褶裙（自然褶裙）。

4. 节裙

包括两节式裙以及两节以上的多式裙等。

裙装结构上的造型方法有分割、抽褶、波浪、垂褶等若干种变化结构。

## 二、裙装结构设计原理

### （一）裙装需测量人体部位

腰围：腰部最细处水平围绕一周的长度。

臀围：臀部最丰满处水平围绕一周的长度。

裙摆围：裙子下摆周长。

裙长：腰节线至所需裙长的长。

### （二）裙装结构各部位名称

如图 3-1-4 所示。

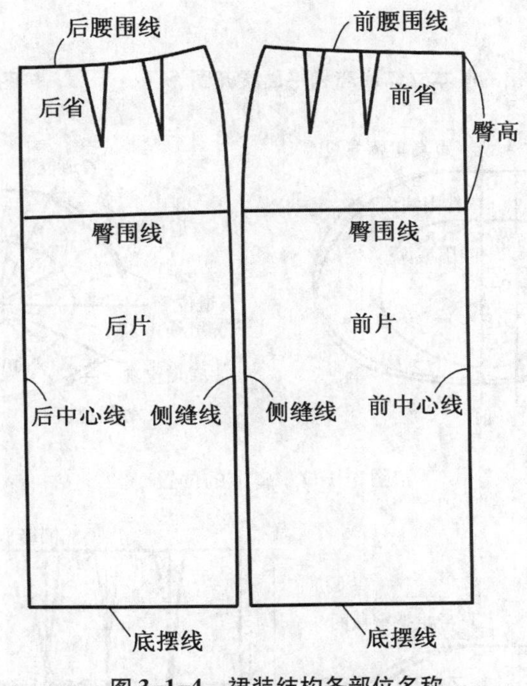


图 3-1-4　裙装结构各部位名称

### （三）直身裙立体形态与人体的关系

如图 3-1-5、图 3-1-6 所示。

### （四）裙装省道与人体腰臀差关系

1. 省道的位置

如图 3-1-7 所示。

2. 省量的大小

如图 3-1-8 所示。

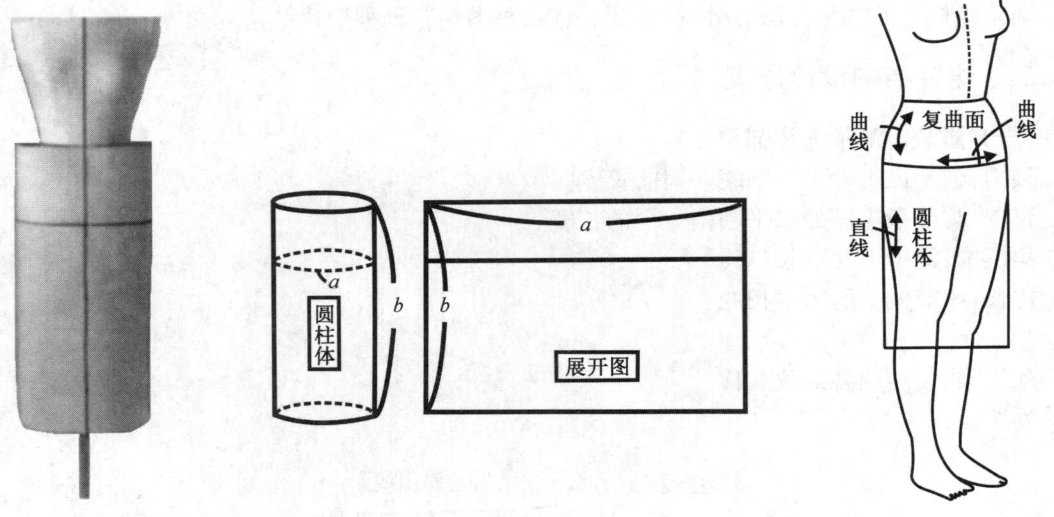


图 3-1-5　直身裙的基本立体形态和平面展开图　　图 3-1-6　裙子的曲面构成

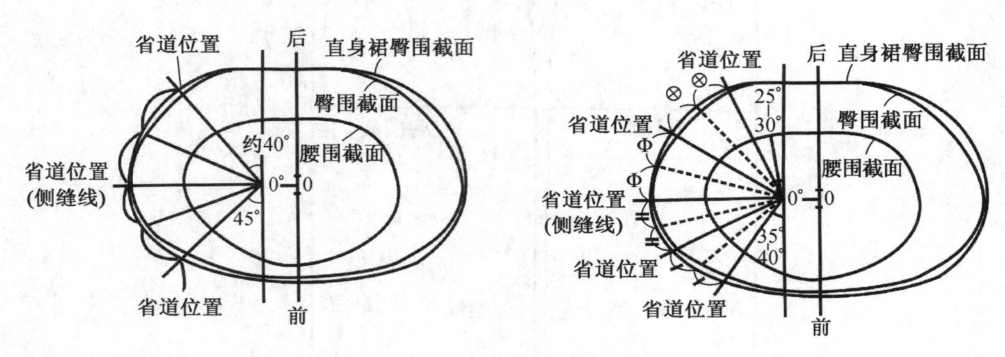


图 3-1-7　省道的位置

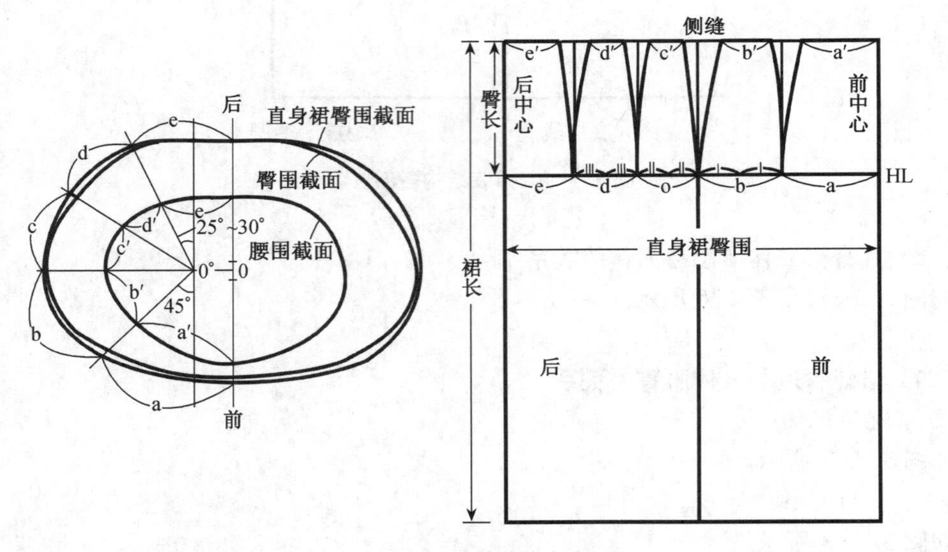


图 3-1-8　省量的大小

### （五）裙装腰围、臀围的松量与人体运动的关系

随着人体下肢的各种运动，腰围、臀围等围度会出现变化量，该松量一般取自人体在自然状态下的动作幅度（表 3-1-1、表 3-1-2）。

表 3-1-1　腰围尺寸变化

| 姿势 | 动作 | 平均增大量（cm） |
| --- | --- | --- |
| 直立正常姿势 | 45°前屈<br>90°前屈 | 1.1<br>1.8 |
| 坐在椅上 | 正坐<br>90°前屈 | 1.5<br>2.7 |
| 席地而坐 | 正坐<br>90°前屈 | 1.6<br>2.9 |

表 3-1-2　臀围尺寸变化

| 姿势 | 动作 | 平均增大量（cm） |
| --- | --- | --- |
| 直立正常姿势 | 45°前屈<br>90°前屈 | 0.6<br>1.3 |
| 坐在椅上 | 正坐<br>90°前屈 | 2.6<br>3.5 |
| 席地而坐 | 正坐<br>90°前屈 | 2.9<br>4.0 |

### （六）裙装下摆围度与人体运动的关系

人体下肢在各种运动中的活动范围最大。下肢运动包括双腿分开的走、跑、跳等动作，以及双腿并拢的站立、坐下、弯腰等动作（图 3-1-9）。

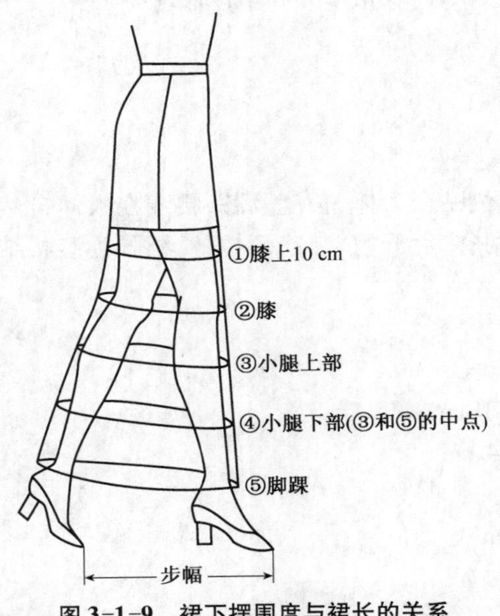


| 部位 | 平均数据（cm） |
| --- | --- |
| 步幅 | 67 |
| ① 膝上 | 94 |
| ② 膝 | 100 |
| ③ 小腿上部 | 126 |
| ④ 小腿下部 | 134 |
| ⑤ 脚踝 | 146 |

图 3-1-9　裙下摆围度与裙长的关系

**（七）裙装腰线与人体腰臀部位的关系**

人体自然腰围线和我们测量用的腰围线不同，人体自然腰围线在后中心也会呈现稍下落的状态，一般下落 0.5～1.5 cm（常取 1 cm），在侧缝处增加 0.7～1.2 cm（图 3-1-10）。

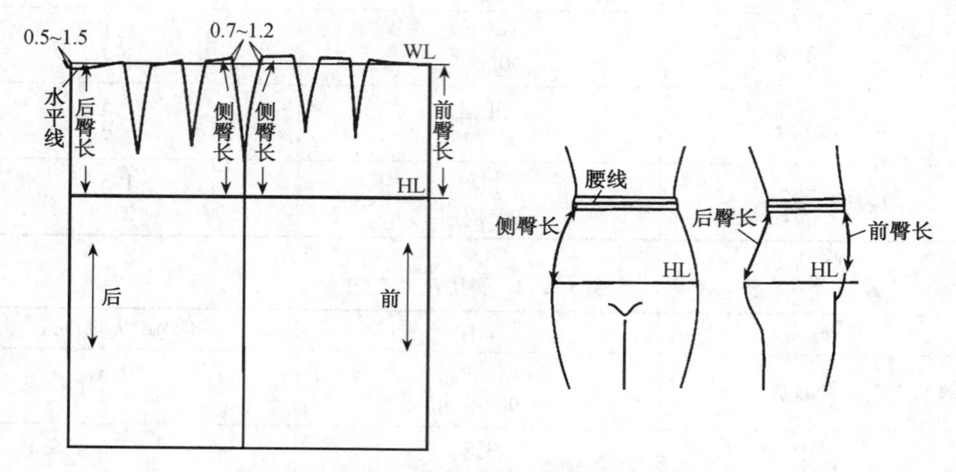


图 3-1-10　裙装腰线与人体腰臀部位的关系

# 任务二　不同廓型裙结构设计

本节以裙原型为基样对不同廓型裙进行款式设计、规格尺寸和结构设计。

## 一、紧身裙

### （一）直身裙

1. 款式图及款式特征

直身裙属于紧身裙，外形呈直筒型，腰臀部位贴合人体，长度及膝，腰线在人体自然腰围线处，前片共有四省，后片分两片，每片各有两省，后开衩，装隐形拉链，裙腰为装腰结构（图 3-2-1）。

2. 规格尺寸

号型 160/68A　单位 cm

腰围（W）= 净腰围（$W^*$）+ 松量 = 68 + 2 = 70 cm

臀围（H）= 净臀围（$H^*$）+ 松量 = 90 + 4 = 94 cm

裙长（L）= 60 cm

臀长（HL）= h（身高）/10 + 2 = 16 + 2 = 18 cm

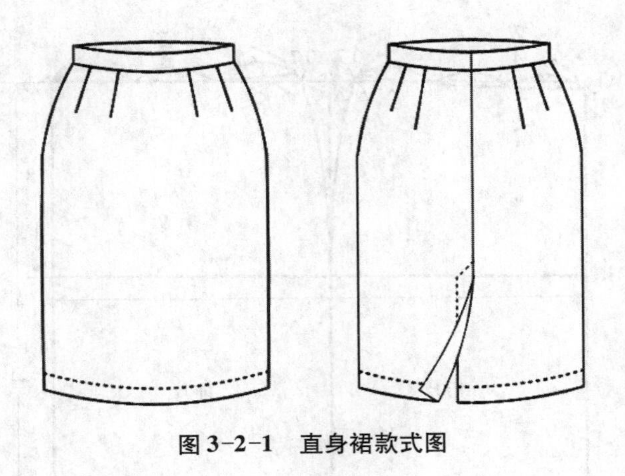

图 3-2-1　直身裙款式图

3. 结构设计

第一步,绘制基础线。绘制腰围线、臀围线、下摆围线、侧缝线、前中线、后中线,如图 3-2-2 所示。

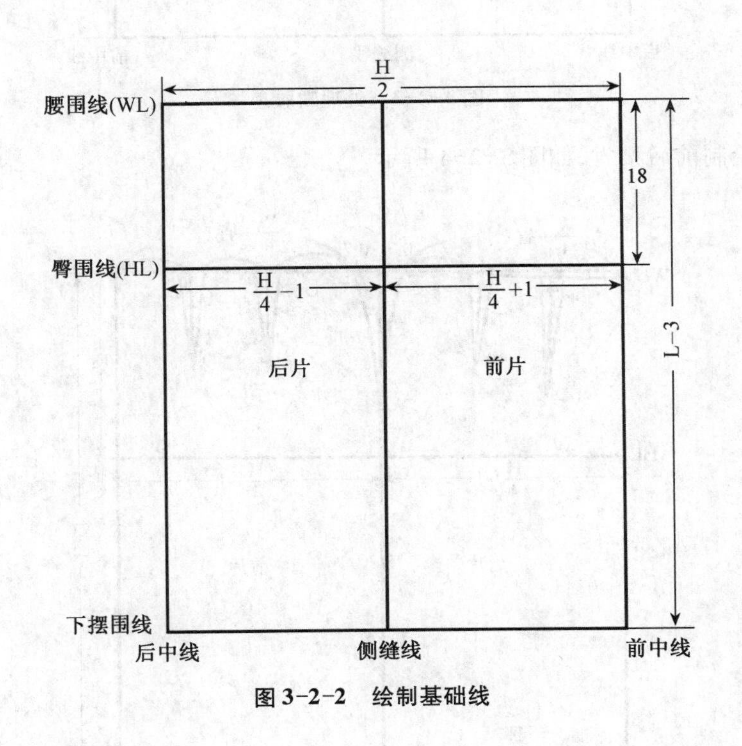


图 3-2-2　绘制基础线

第二步,处理臀腰差,确定腰省位置,绘制侧缝线、前后腰围线,如图 3-2-3 所示。

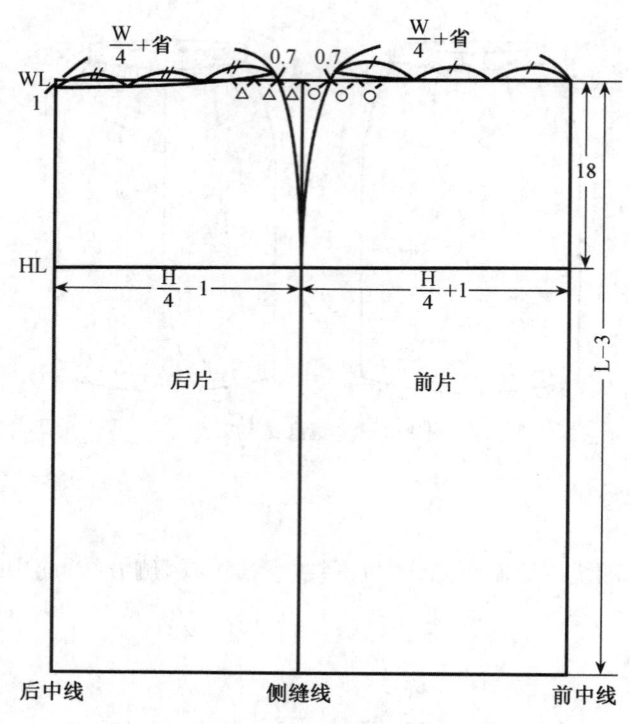

图 3-2-3　处理臀腰差

第三步，绘制前后腰省，如图 3-2-4 所示。

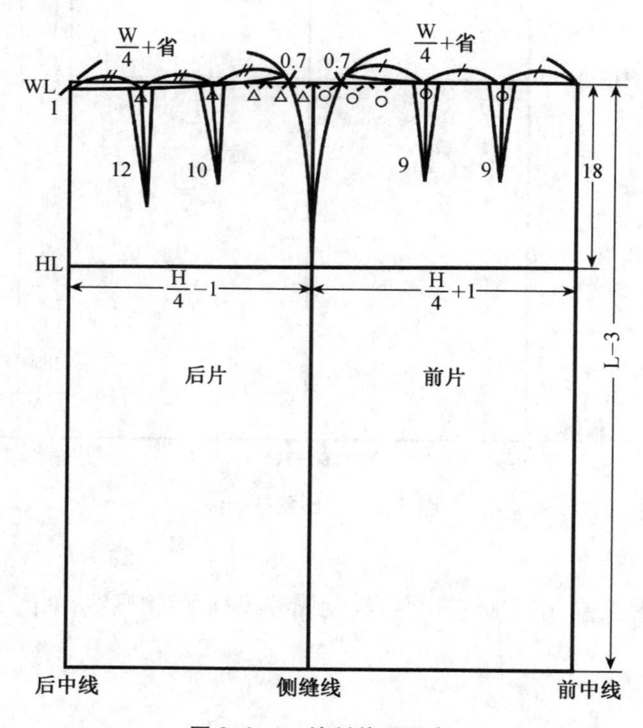

图 3-2-4　绘制前后腰省

第四步，绘制后开衩，如图 3-2-5 所示。

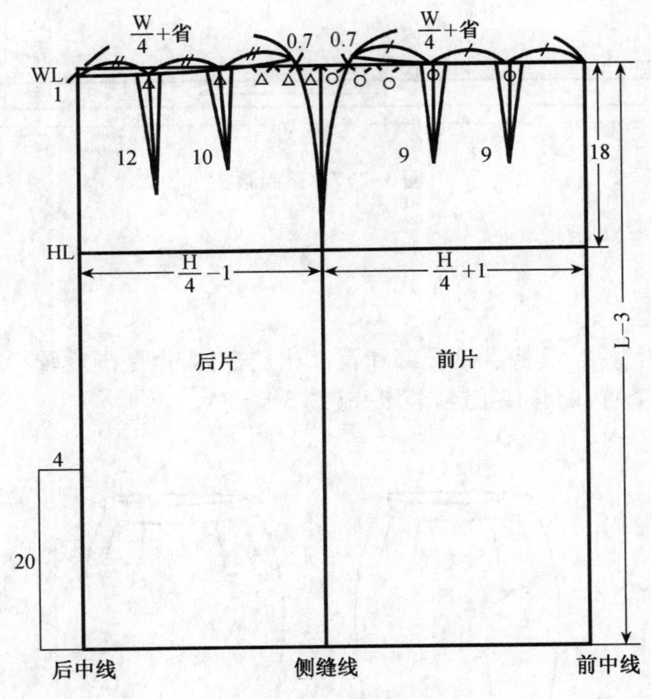


图 3-2-5　绘制后开衩

第五步：裙身完成图，如图 3-2-6 所示。

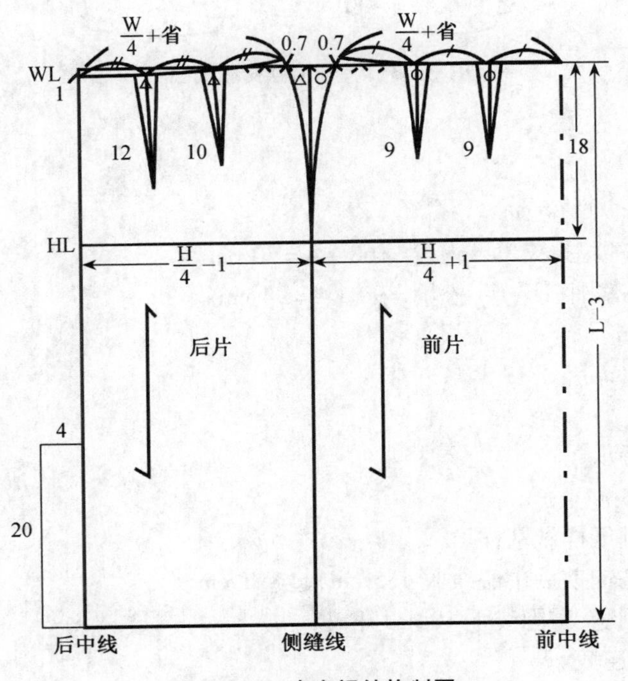


图 3-2-6　直身裙结构制图

第六步，绘制腰头，如图 3-2-7 所示。

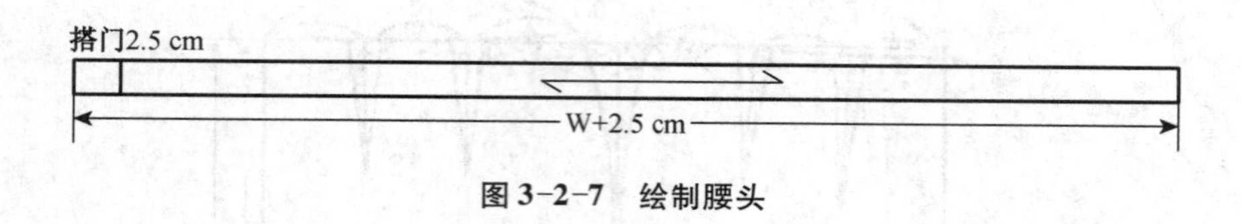


图 3-2-7　绘制腰头

**（二）窄摆裙**

1. 款式图及款式特征

窄摆裙属于紧身裙，其特点是腰部和臀部比较合体，裙摆围度较小，侧面设有开衩，前后片连裁，各有四个省，侧缝装拉链，装腰头（图 3-2-8）。

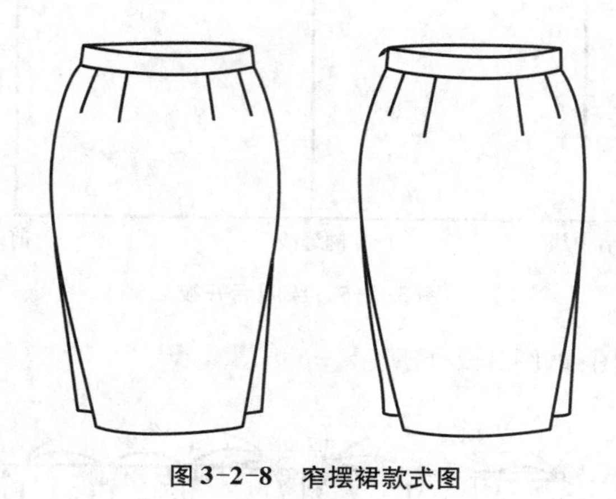

图 3-2-8　窄摆裙款式图

2. 规格尺寸

号型 160/68A　单位 cm

腰围（W）= 净腰围（$W^*$）+ 松量 = 68 + 2 = 70 cm

臀围（H）= 净臀围（$H^*$）+ 松量 = 90 + 4 = 94 cm

裙摆围 = 85 cm

裙长（L）= 60 cm

3. 结构设计

如图 3-2-9 所示。

制图步骤如下：

a. 以裙的基础纸样做基样。

b. 底摆侧缝各向前后中心线收 4.5 cm，起翘 1 cm。

c. 重新修顺侧缝，臀围线下 19 cm 开衩。

d. 前中、后中连裁。

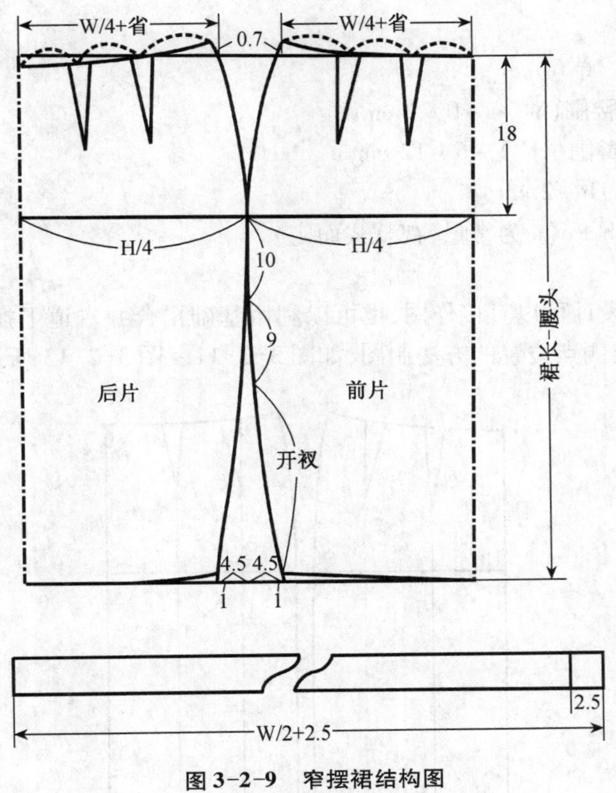


图 3-2-9　窄摆裙结构图

## 二、半紧身裙

半紧身裙也称 A 型裙，与紧身裙相比，A 型裙裙摆围度增大，臀围增加，它可以通过在紧身裙的基础上增加裙摆的围度来完成。

1. 款式特征与款式图

随着裙摆的增加，侧缝线趋向变直，腰省量减小，腰侧点与前、后腰点距离增大，腰口线的弯曲度变大。此款 A 型裙前后各设有两个省，侧缝装拉链，装腰头（图 3-2-10）。

图 3-2-10　半紧身裙款式图

2. 规格尺寸

号型 160/68A　单位 cm

腰围(W) = 净腰围($W^*$) +0 ~2 cm

臀围(H) = 净臀围($H^*$) +6 ~12 cm

臀长(HL) =0.1h +2 cm

裙长(L) =0.4h ± a(a 为常量,视款式而定)

3. 结构设计

A 型裙的结构设计可以直接作图,也可以利用基础裙合并省道下摆展开,侧缝线变斜,减少腰省量,提高腰侧点位置的方法制图,如图 3-2-11 ~ 图 3-2-13 所示。

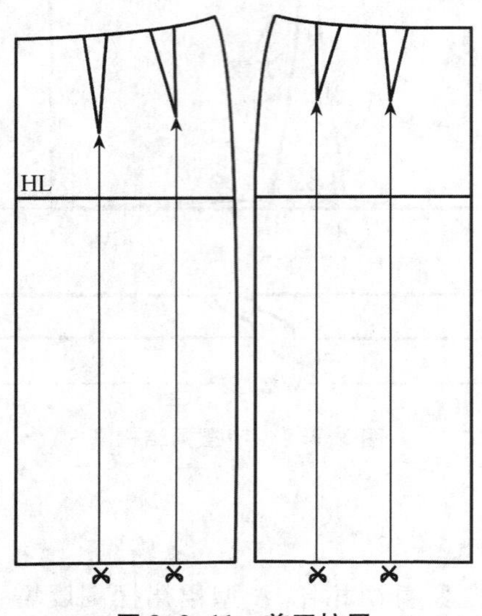


图 3-2-11　剪开拉展

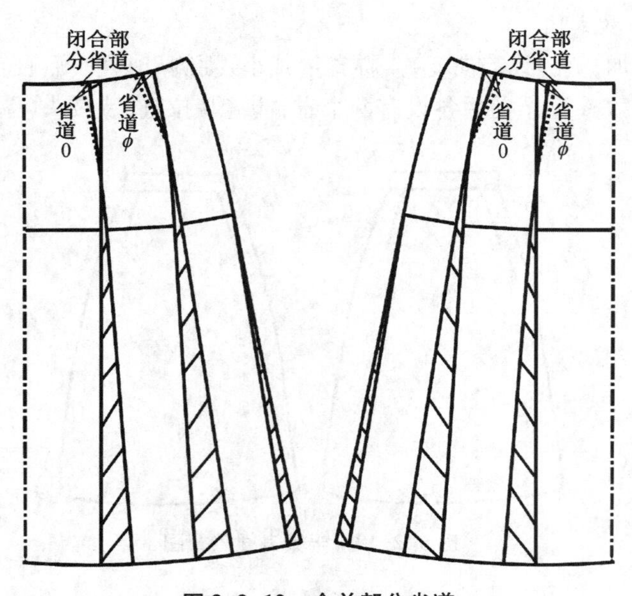


图 3-2-12　合并部分省道

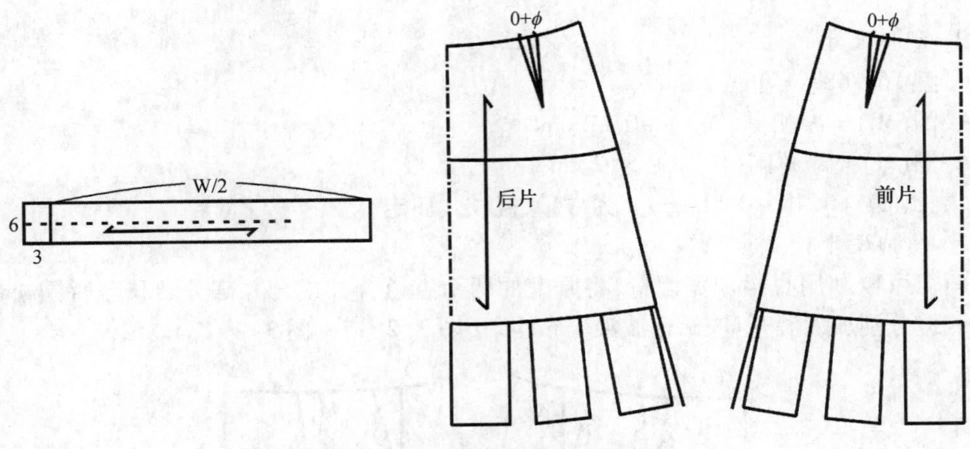


图 3-2-13　A 型裙结构图

制图步骤如下：

a. 以裙的基础纸样做基样。

b. 由各个省尖点向底摆做分割线，闭合部分前后裙片省道，并通过省尖向底摆剪开拉展，增宽裙摆。

c. 转移省道位置至前后中心线与侧缝的中点，重新绘制腰省。

d. 前后片侧缝线底摆分别增加摆量 1.5 cm，保证裙摆摆量均匀。

e. 画顺裙子的底摆线及腰口线。

f. 布纹方向可采用直丝缕。

g. 画出适合的裙长。

## 三、斜裙

斜裙的造型是腰部合体，其他部位则比较宽松飘逸，为了避免臀部不合体，弯曲的侧缝线可以转化为直线。

1. 款式特征与款式图

在半紧身裙基础上进一步增加裙摆量，此时臀围放松量也相应增大，当放松量 $\Delta H > (H^* - W^*)/2$ 时，腰省为零。腰侧点与前后腰点距离、腰围线曲度均大于半紧身裙（图 3-2-14）。

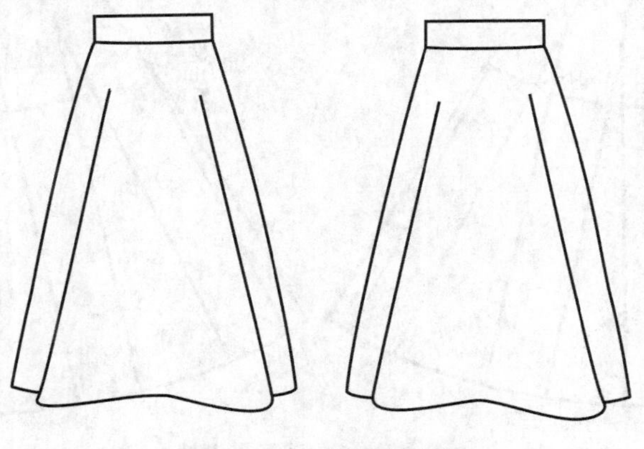

图 3-2-14　斜裙款式图

2. 规格尺寸

号型 160/68A　单位 cm

腰围(W) = 净腰围(W*) +0 ~2 cm

臀围(H) = 净臀围(H*) + >12 cm

裙长(L) =0.4h ~0.5h ± a(a 为常量,视款式而定)

3. 结构设计

斜裙可以利用直裙加宽摆量,将原型的两个省道合并或合并部分转移至臀围松量,前中和侧缝分别加入展开量,保证波浪分布均匀(图 3-2-15 ~图 3-2-17)。

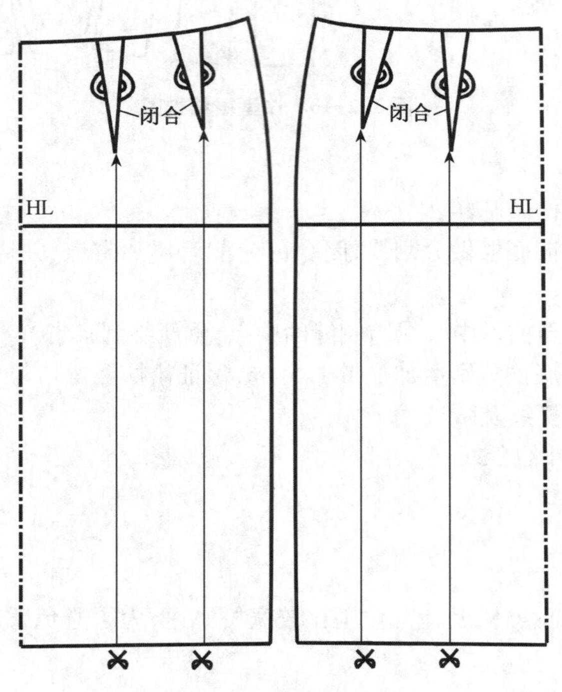


图 3-2-15　斜裙结构设计

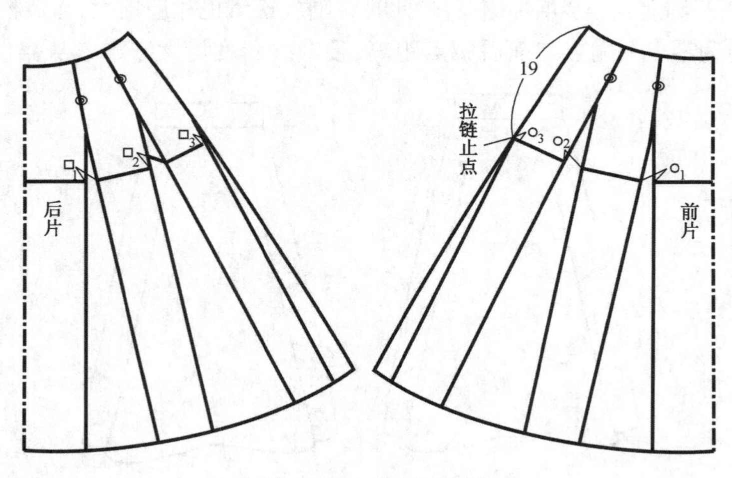


图 3-2-16　剪开量设计

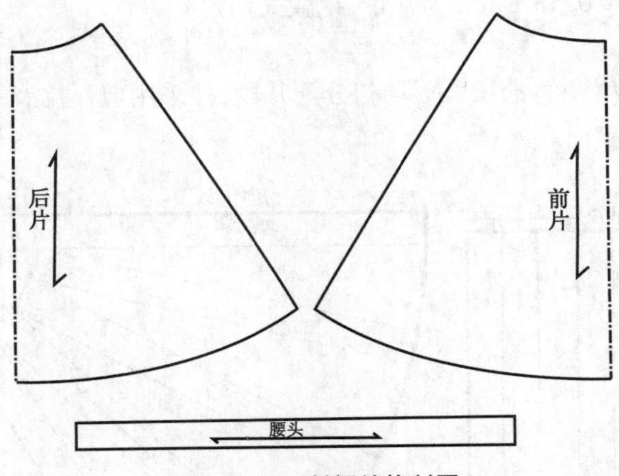


图 3-2-17 斜裙结构制图

制图步骤如下：

a. 以裙的基础纸样做基样。

b. 由各个省尖点向底摆做分割线，闭合前后裙片省道，并把侧缝通过省尖向底摆剪开拉展，增宽裙摆。

c. 臀围线下 1 cm，设置拉链止点。

d. 裙摆在斜纱处应考虑其长度的易变形性，根据面料适当裁短。

## 四、圆裙

圆裙也称喇叭裙、波浪裙，在斜裙的基础上继续增加裙摆围，腰口线、下摆线将变得更加均匀而呈圆弧状，圆裙实际上也是不同圆心角的斜裙。

1. 款式特征与款式图

裙摆在斜裙的基础上加大，一般为两片圆裙，前后中连裁（图 3-2-18）。

图 3-2-18 圆裙款式图

2. 规格尺寸

号型 160/68A 单位 cm

腰围（W）= 净腰围（W*）+0 ~ 2 cm

臀围（H）= 净臀围（H*）+ >12 cm

裙长(L) = 0.4h ~ 0.5h ± a(a 为常量,视款式而定)

3. 结构设计

将长为裙长、宽为 W/2 的长方形均匀分配几段,并采用剪开拉展的方法直接制图,如图 3-2-19 所示。

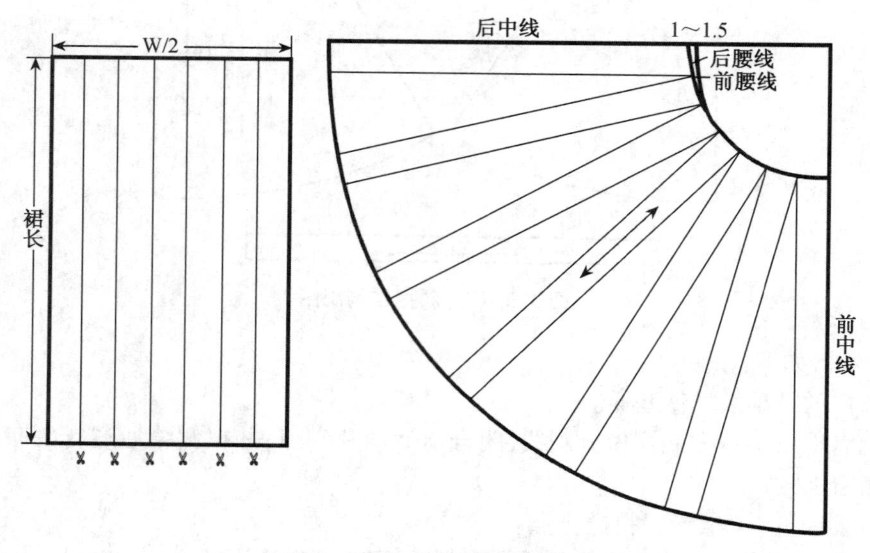


图 3-2-19 拉展法绘制圆裙

将腰线和裙摆近似在一个同心圆上,根据裙摆的大小、圆心角的大小来计算圆弧的半径,即(W/2)/圆心角 = 2πR/360°,如图 3-2-20 所示。

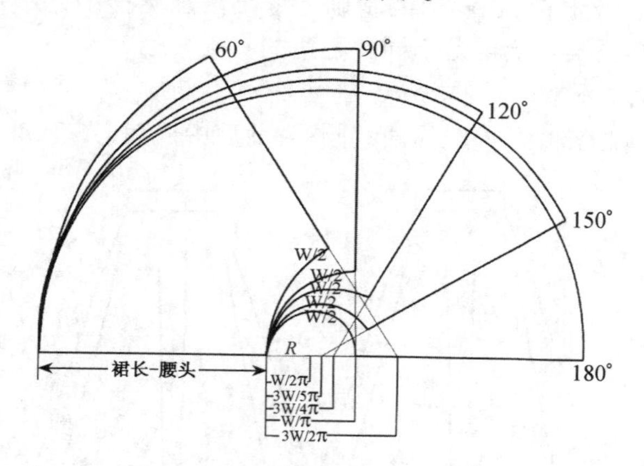


图 3-2-20 计算法绘制圆裙

裙腰弧线半径的求解方法是利用求圆周长的公式计算。圆周长即为裙腰(W),是已知数,未知数是裙腰半径(R),π = 3,它可通过计算得到。

180°两片裙: $W = 2\pi R$

$R = W/2\pi = W/6$

120°两片裙: $W = 2/3(2\pi R)$

$R = W/4$

60°两片裙：　$W = 1/3(2\pi R)$

$R = W/2$

其他任何一种角度的裙子，都可根据此种方法求得半径。

90°两片圆裙的具体制图方法如图 3-2-21 所示。

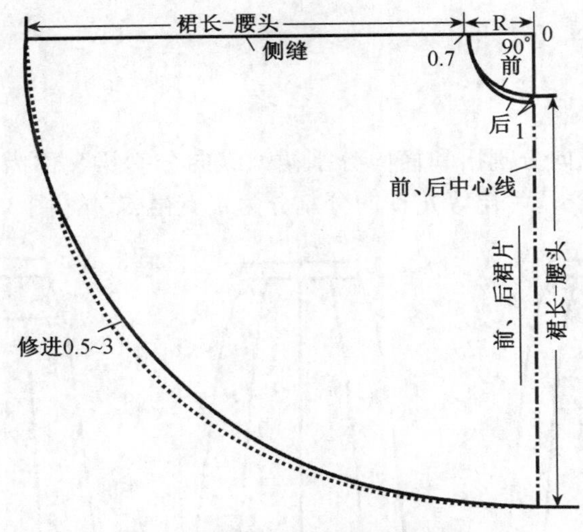


图 3-2-21　90°两片圆裙结构图

制图步骤如下：

a. 画出 90°垂直的两条直线，求出半径。

b. 以 O 为圆心，$R = W/\pi$ 为半径画弧。

c. 以 O 为圆心，R +（裙长 - 腰头）为半径画弧，则两条弧线围成扇面形为裙片的基本形。

d. 修顺腰口线及裙摆线，后中心线下降 1 cm，侧缝线上抬 0.7 cm。

e. 根据裙长和面料特征，裙摆在斜丝处适当裁短 0.5 ~ 3 cm，再修顺裙摆。

## 知识点小结

1. 制约廓型的关键是腰线的曲度，裙摆宽松程度决定了腰口线弯曲程度，廓型的变化包括紧身裙（H 型）、半紧身裙（A 型）、斜裙、半圆裙、整圆裙。

2. 半紧身裙（A 型）、斜裙、半圆裙、整圆裙可以将紧身裙的腰省量转移为臀围松量，并根据需要增加裙摆得到；追加摆量过大时需均匀分配增加摆量部位。

3. 半圆裙、整圆裙可通过数学方法、剪切方法得到；大裙摆整圆裙处于斜丝的布料成型后比实际长。

4. 圆裙在排料时裙摆会出现直纹、横纹和斜纹，由于斜纹的伸缩性强，在成型时，处于斜纹的布料会比实际尺寸伸长些，从而造成了裙摆不等长，为了避免这种情况，需在正置斜丝的裙摆处剪掉部分量（0.5 ~ 3 cm），再修顺裙摆。同时，圆裙排料时应根据布料的图案、弹性和组织的密度灵活掌握。

5. 省道的设计灵活，省量的大小与裙子的合体程度及人体的体型有关。裙子臀部逐渐变得宽松时，侧缝收省的作用消失，侧缝由曲线变为直线。

# 任务三　变化裙装结构设计

## 一、分割裙

### （一）分割裙分类

分割裙可以分为纵向分割裙和横向分割裙。纵向分割裙又称为多片裙（包括二片裙、三片裙、四片裙、六片裙、八片裙等），横向分割分为育克裙、节裙（图 3-3-1）。

图 3-3-1　分割裙

### （二）多片裙结构设计

1. 多片裙分割结构设计原理分析

多片分割一般指的是竖线分割。常见的有三片裙、四片裙、五片裙、六片裙、七片裙、八片裙等，无论分割了多少片，既要满足功能设计的需要，又要达到审美的要求。因此要求在竖线分割设计时不要过于随意，应把腰围差尽量处理在分割线上，分割线的位置尽可能靠近人体丰满位置，尤其是在腹部、臀部的分割，应最大限度地保持造型平衡。

另外，要想掌握多片裙的分割原理，我们还需要掌握相关纸样的三步图、基本分割图。无论在生产图上反映的结构多么复杂，只要在基本纸样上，依据生产图上所显示的结构线进行分割，就是初步确定的答案。

2. 以八片裙为例

（1）款式图及款式特征

裙身分割成八片，廓型为 A 型，装腰头，后中安装拉链（图 3-3-2）。

（2）规格尺寸

号型 160/68A　单位 cm

腰围（W）= 净腰围（$W^*$）+ 2 = 70 cm

臀围（H）= 净臀围（$H^*$）+ >6 cm

裙长（L）= 60 cm

（3）结构制图

如图 3-3-3 所示。

图 3-3-2　八片 A 型裙款式图

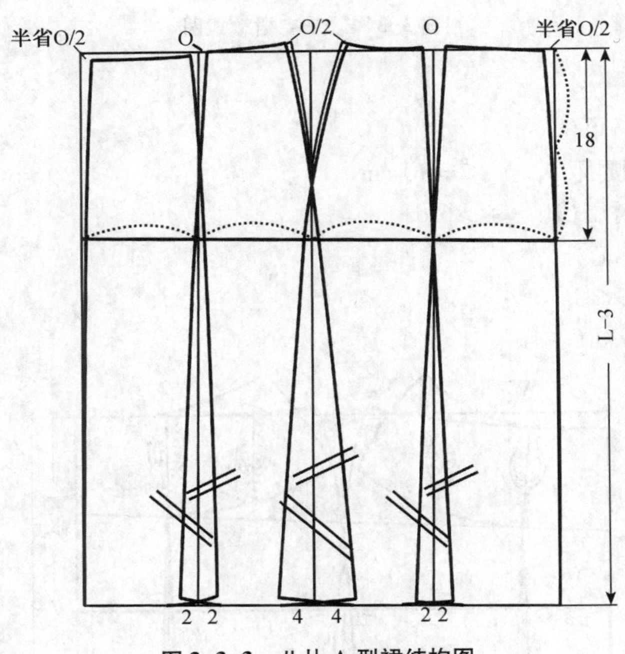


图 3-3-3　八片 A 型裙结构图

制图步骤如下：

a. 做出基本裙原型。

b. 画出分割线的位置，并将省放置在分割线及前后中心线处。

c. 在分割线处放出摆量，为保持裙面的平整，省在侧缝处需放得稍多些。

d. 画顺各片轮廓线。

## （三）育克裙结构设计

1. 款式图及款式特征

前后片分别有育克，裙身分割为六片，廓型为 A 型，装腰头，在侧缝开拉链（图 3-3-4）。

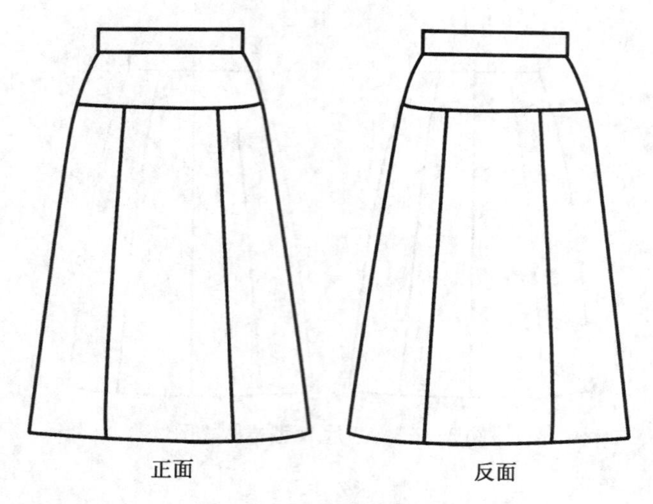


图 3-3-4　育克裙款式图

2. 规格尺寸

号型 160/68A　单位 cm

腰围(W) = 净腰围(W*) + 2 = 70 cm

臀围(H) = 净臀围(H*) + >6 cm

裙长(L) = 60 cm

3. 结构制图

如图 3-3-5 所示。

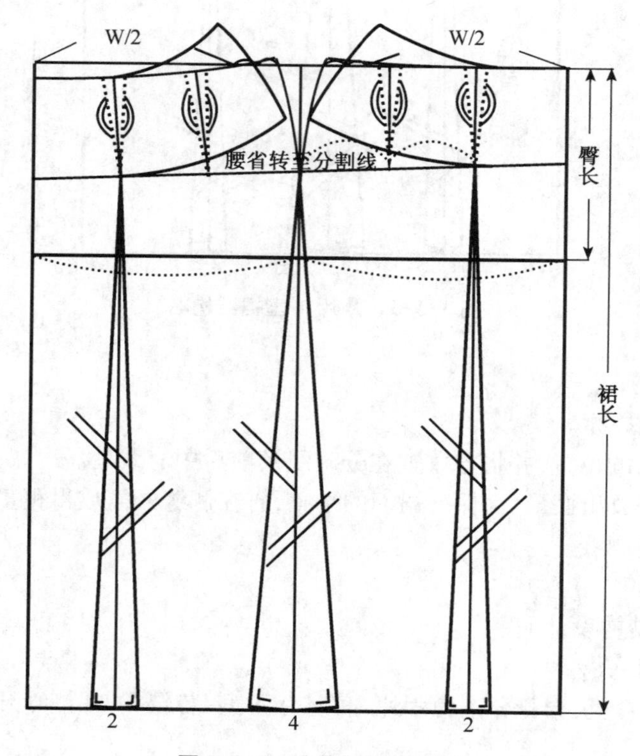


图 3-3-5　育克裙结构制图

制图步骤如下：

a. 做出基本裙原型。

b. 画出分割线的位置，并将省放置在腰臀部育克的位置里。

c. 为保持裙面的平整，在分割线处放出摆量。

d. 画顺各片轮廓线。

## 二、褶裙

### （一）褶裙分类

褶裙分为自然褶裙（图 3-3-6）和规律褶裙（图 3-3-7）。自然褶裙又分为波形褶裙、缩褶裙，规律褶裙又分为普利特褶裙、百褶裙。褶的特点具有多层次的立体效果，具有运动性和装饰性。

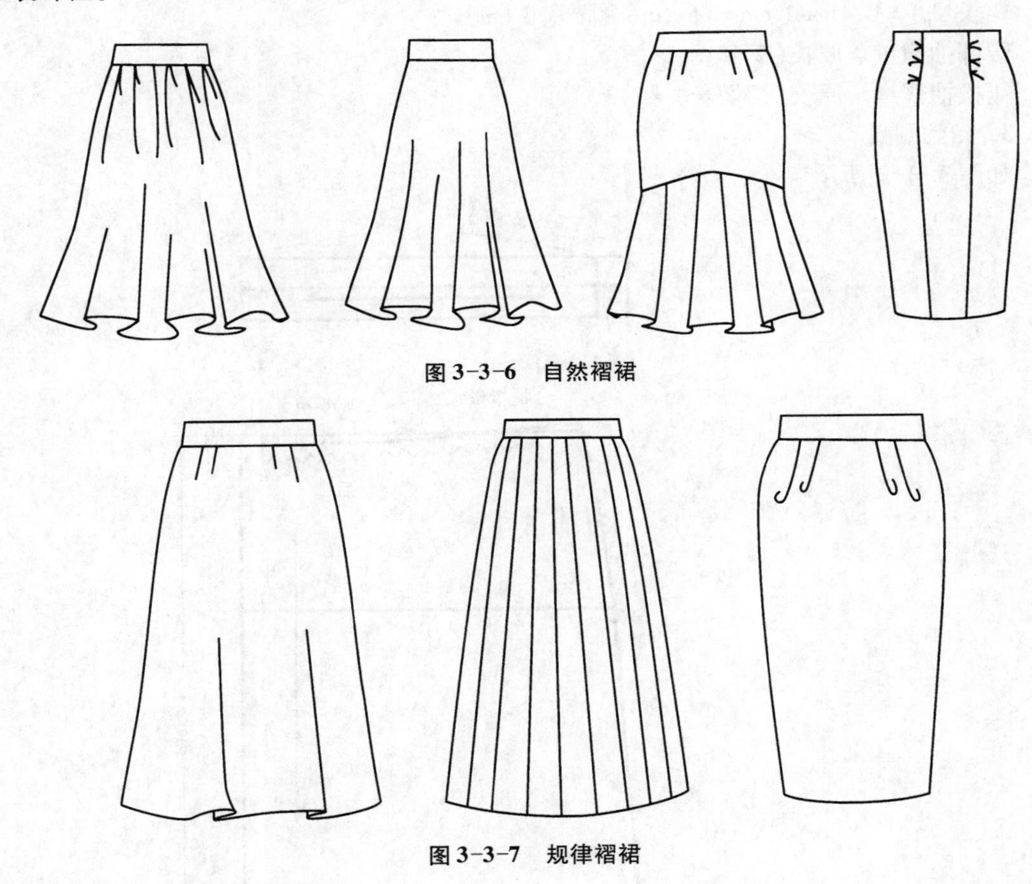

图 3-3-6 自然褶裙

图 3-3-7 规律褶裙

### （二）自然褶裙结构设计

1. 款式图及款式特征

两片裙，侧缝装拉链，腰部抽细褶，底摆分割收细褶（图 3-3-8）。

2. 规格尺寸

腰围（W）= 净腰围（$W^*$）+2 cm = 70 cm

臀长（HL）= 0.1h + 2 cm = 18 cm

图 3-3-8　抽褶裙款式图

裙长(L) = 0.4h + 1 cm = 65 cm(含腰宽 3 cm)

腰部抽褶量 = 原长(W/4) × 1

裙摆抽褶量 = 原长(裙摆长) × 2/3

3. 结构制图

如图 3-3-9 所示。

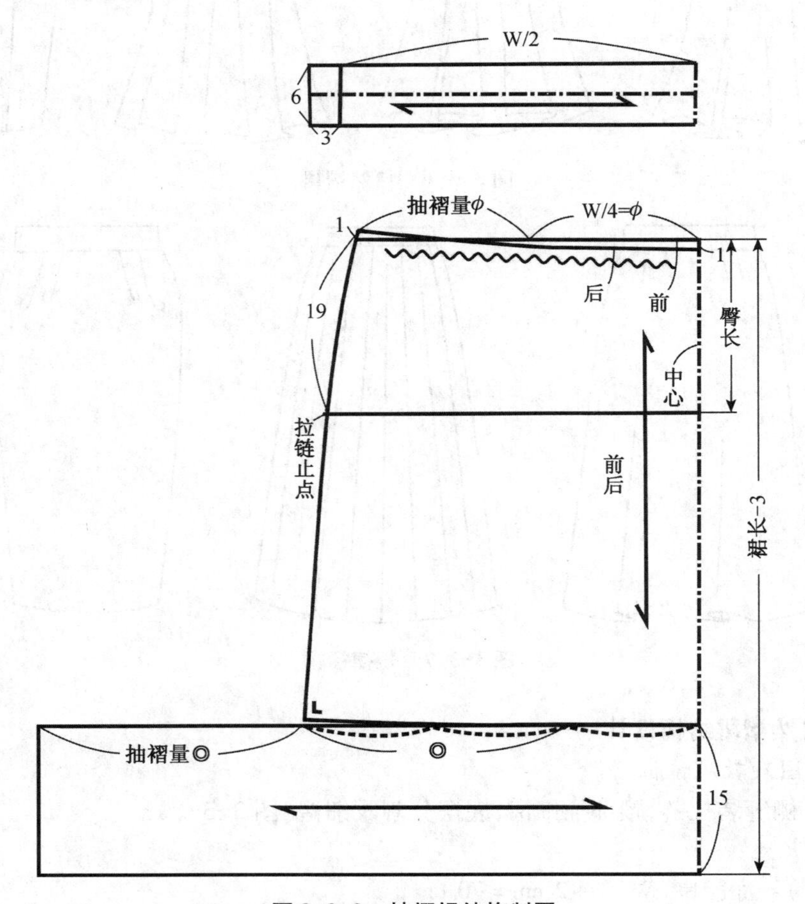


图 3-3-9　抽褶裙结构制图

4. 抽褶量大小的确定

如图 3-3-10 所示，根据材料质地和造型设计确定。

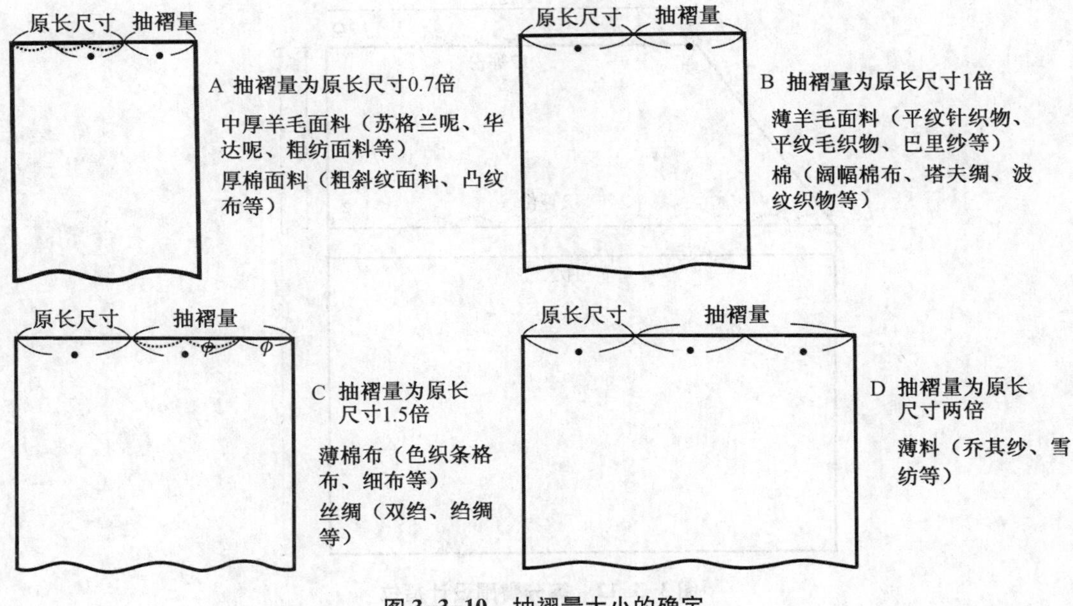


图 3-3-10　抽褶量大小的确定

## (三) 规律褶裙结构设计

1. 款式图及款式特征

前后片分别有多个规律排褶，装腰头，侧缝装拉链（图 3-3-11）。

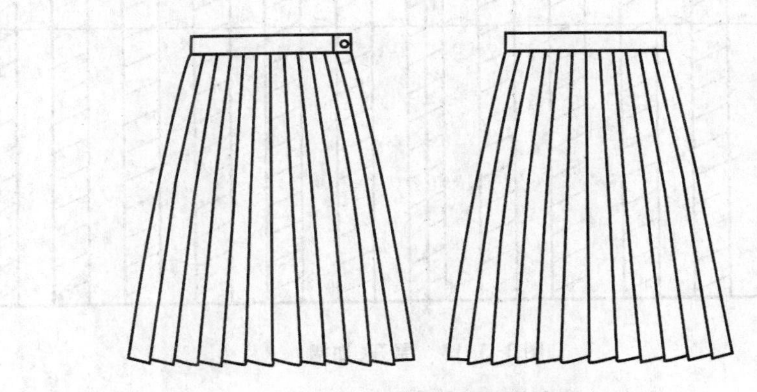

图 3-3-11　规律褶裙款式图

2. 规格尺寸

腰围(W) = 净腰围($W^*$) + 2 cm = 70 cm

臀围(H) = 净臀围($H^*$) + 6 cm = 96 cm

臀长(HL) = 0.1h + 2 cm = 18 cm

裙长(L) = 48 cm

3. 结构设计

如图 3-3-12、图 3-3-13 所示。

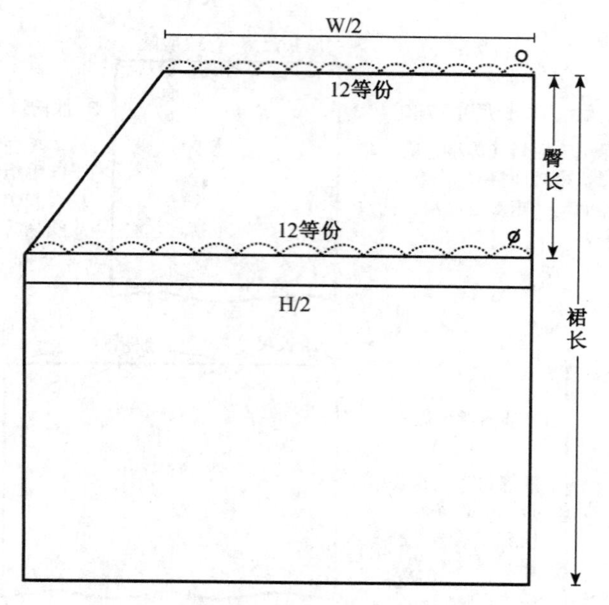


图 3-3-12　等分臀围设计褶位

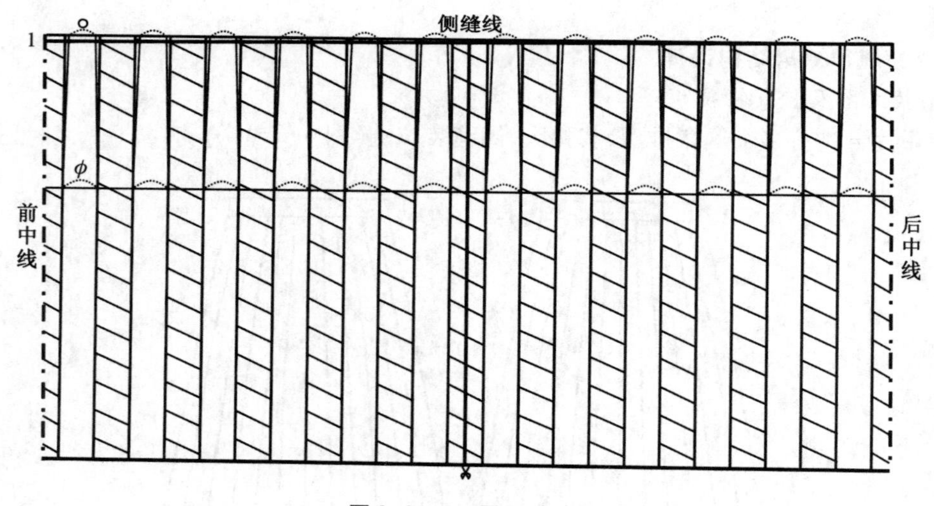


图 3-3-13　展开、加褶

4. 百褶裙结构设计注意事项

第一，百褶裙需均匀处理臀腰差。

第二，为了使布纹方向与每个褶保持一致，各褶量从上至下需平行追加。

第三，暗褶量应为明褶量的 1 ~ 2 倍，以免出现双重叠现象。

第四，当褶并拢时裙摆宽度缩小，褶张开时裙摆宽度增大，裙摆大应该按净臀围尺寸加褶量确定。

## 三、组合裙

组合裙是结构上各种元素合理结合，而不是简单地拼凑，通常有高低腰与褶结合，不同的分割线与各种褶、裥结合等。

### （一）低腰育克裙结构设计

1. 款式图及款式特征

裙身有横向分割，育克下方有规律褶（图 3-3-14）。

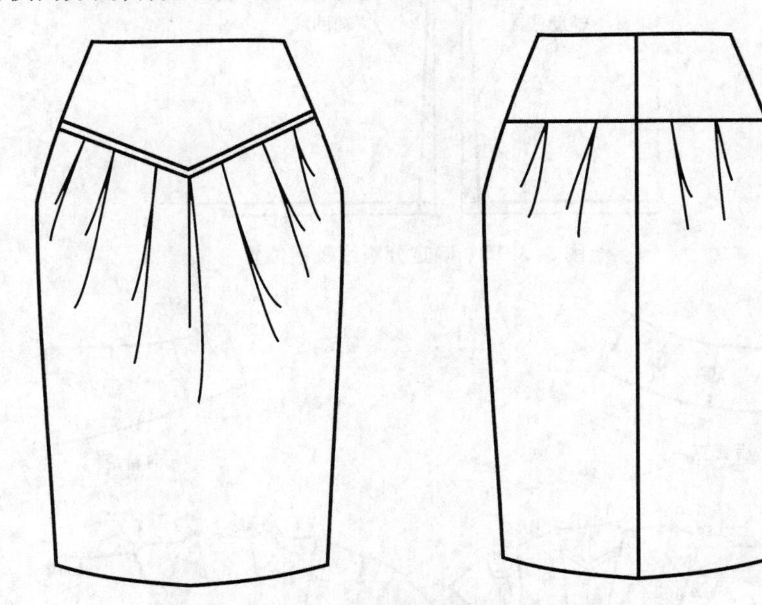

图 3-3-14　低腰育克裙款式图

2. 规格尺寸

腰围（W）= 净腰围（$W^*$）+2 cm = 70 cm

低腰量 = 4 cm

裙长（L）= 0.4h − 12 cm = 52 cm

3. 结构制图

如图 3-3-15、图 3-3-16 所示。

制图步骤如下：

a. 以原型裙为基样，腰部向下 4 cm，重新设置腰围线。

b. 依款式图设置分割线位置。

c. 前后育克下边线分别四等分，按照款式图根据褶位置画辅助线。

d. 合并腰省做出育克。

e. 褶位拉展。

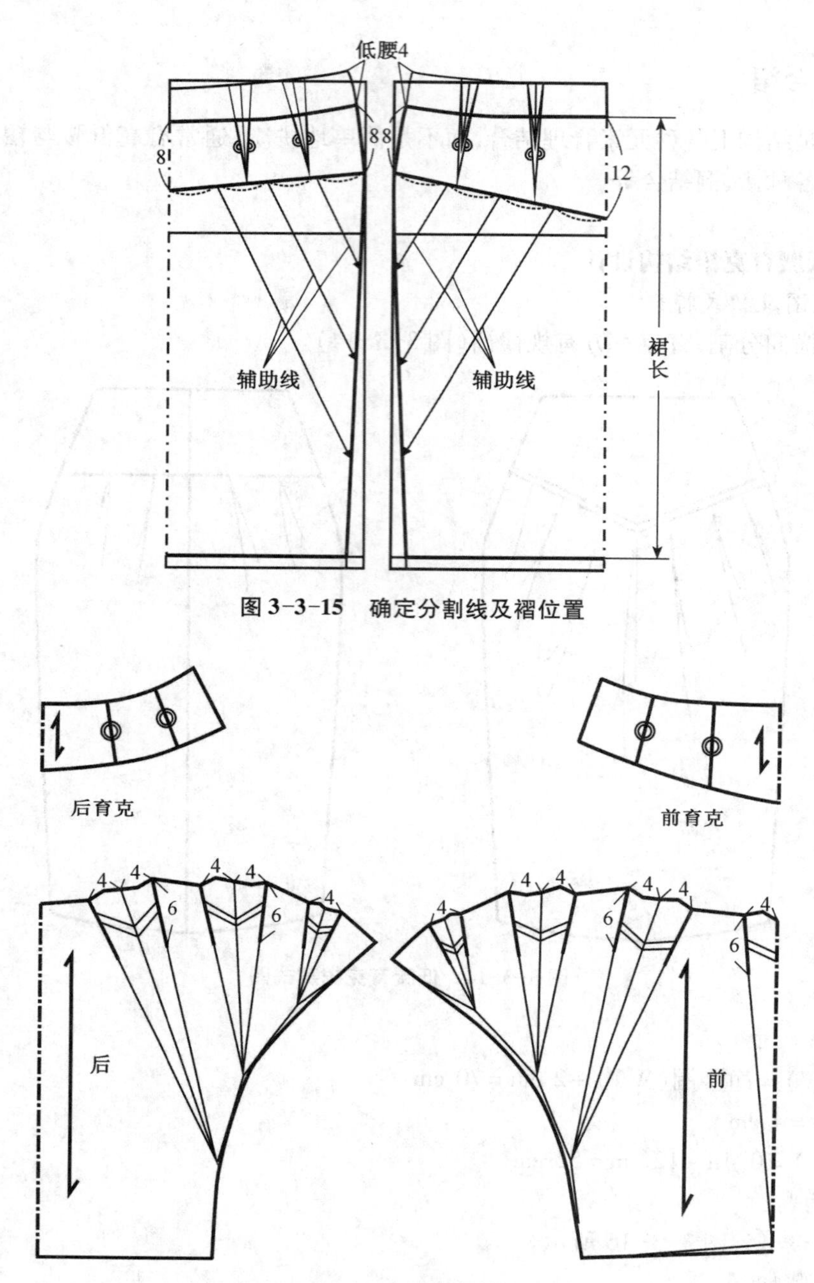


图 3-3-15 确定分割线及褶位置

图 3-3-16 育克及褶位拉展

## （二）高腰鱼尾裙结构设计

1. 款式图及款式特征

臀部以上合体，膝围以下收紧，裙摆张开，外形呈鱼尾形。纸样设计时，将腰省融入分割线中，分割线在膝盖处收缩 1 cm，使臀部造型圆润饱满；下摆两段上翘，形成打开状态（图 3-3-17）。

2. 规格尺寸

腰围（W）= 净腰围（$W^*$）+2 cm = 66 cm

图 3-3-17　鱼尾裙款式图

臀围(H) = 净臀围($H^*$) + 4 cm = 94 cm

臀长(HL) = 0.1h + 2 cm = 18 cm

裙长(L) = 76 cm(含腰宽 6 cm)

3. 结构设计

如图 3-3-18 ~ 图 3-3-20 所示。

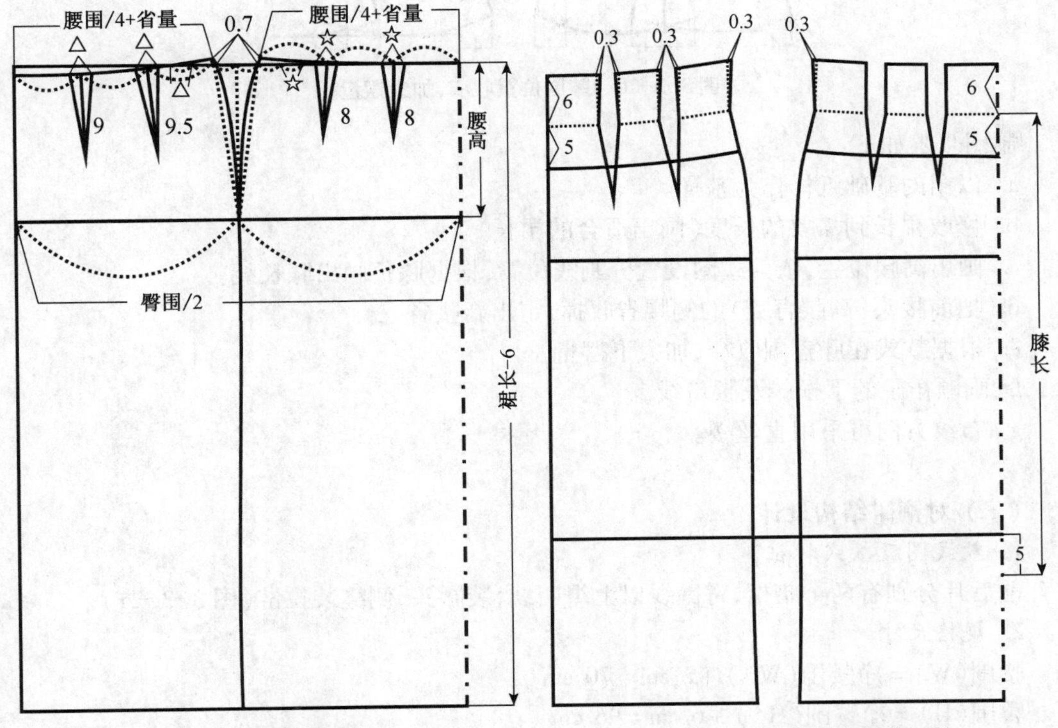


图 3-3-18　确定裙长　　　图 3-3-19　确定收鱼尾位置

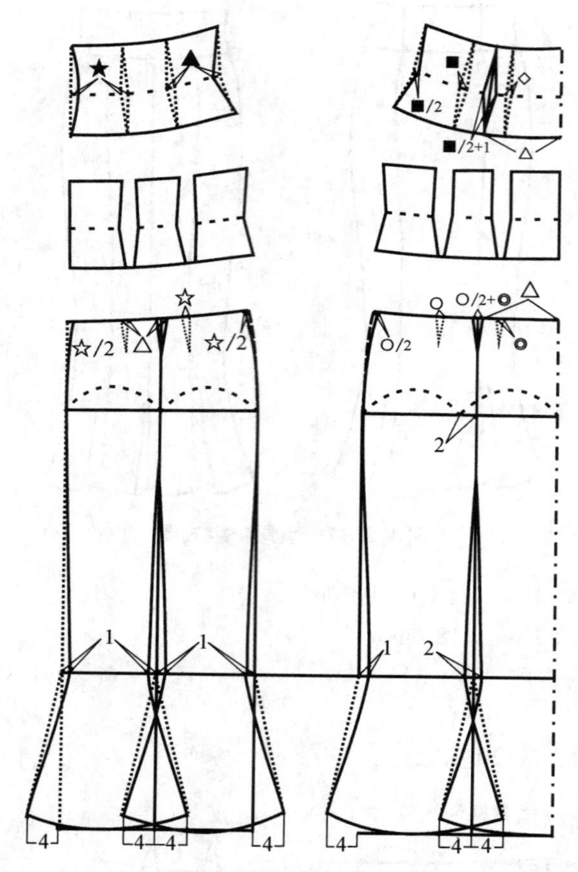


图 3-3-20　膝围位置收窄，加大摆量

制图步骤如下：

a. 以裙的基础纸样作为基样。

b. 修改裙长到需要的长度（画出适合的裙长）。

c. 画出高腰位置，依款式图设置分割线位置，根据膝长画出膝长线。

d. 把前腰头（高腰育克）的侧腰省收掉，定出新腰省。

e. 根据款式在膝盖围收窄，加大下摆量。

f. 画顺裙子的下摆线及腰口线。

g. 布纹方向可采用直丝缕。

**（三）对裥裙结构设计**

1. 款式图及款式特征

前后片分别有两个暗裥，臀围线以上缉明线，装腰头，侧缝装拉链（图 3-3-21）。

2. 规格尺寸

腰围（W）= 净腰围（$W^*$）+2 cm = 70 cm

臀围（H）= 净臀围（$H^*$）+6 cm = 96 cm

臀长（HL）= 0.1h + 2 cm = 18 cm

裙长(L) = 0.4h − 4 cm = 60 cm(含腰宽 3 cm)

图 3-3-21　对裥裙款式图

3. 结构设计

如图 3-3-22、图 3-3-23 所示。

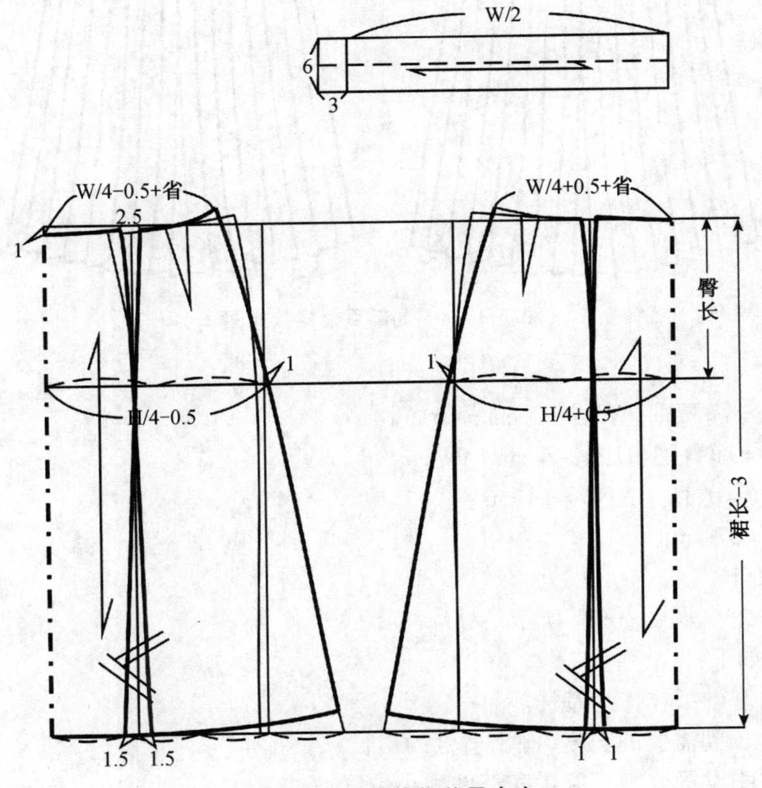


图 3-3-22　确定裥位及大小

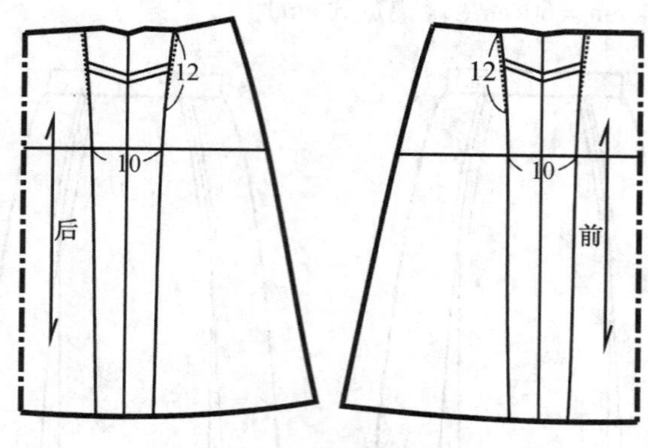


图 3-3-23 展开裥

## （四）局部百褶裙结构设计

1. 款式图及款式特征

前后片分别有多个规律排褶，装腰饰，侧缝装拉链（图 3-3-24）。

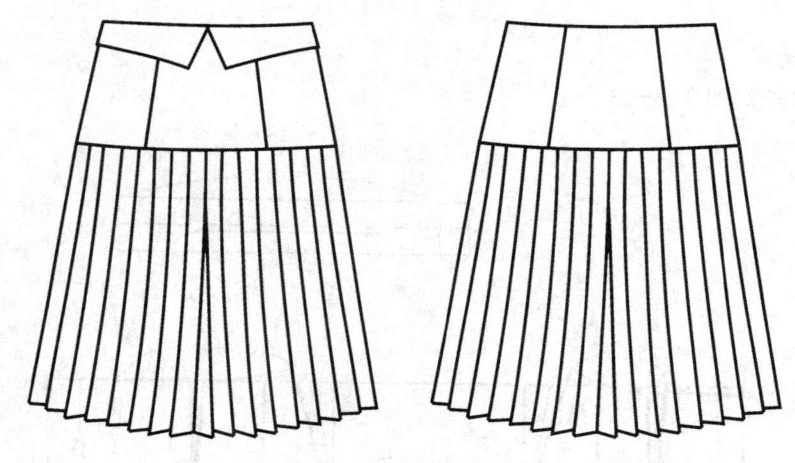

图 3-3-24 局部百褶裙款式图

2. 规格尺寸

腰围（W）= 净腰围（$W^*$）+ 2 cm = 66 cm

臀围（H）= 净臀围（$H^*$）+ 6 cm = 94 cm

臀长（HL）= 0.1h + 2 cm = 18 cm

裙长（L）= 37 cm

3. 结构设计

如图 3-3-25 ~ 图 3-3-29 所示。

制图步骤如下：

a. 以裙的基础纸样作为基样。

b. 修改裙长到需要的长度（画出适合的裙长）。

c. 依款式图设置分割线位置和部件大小位置。

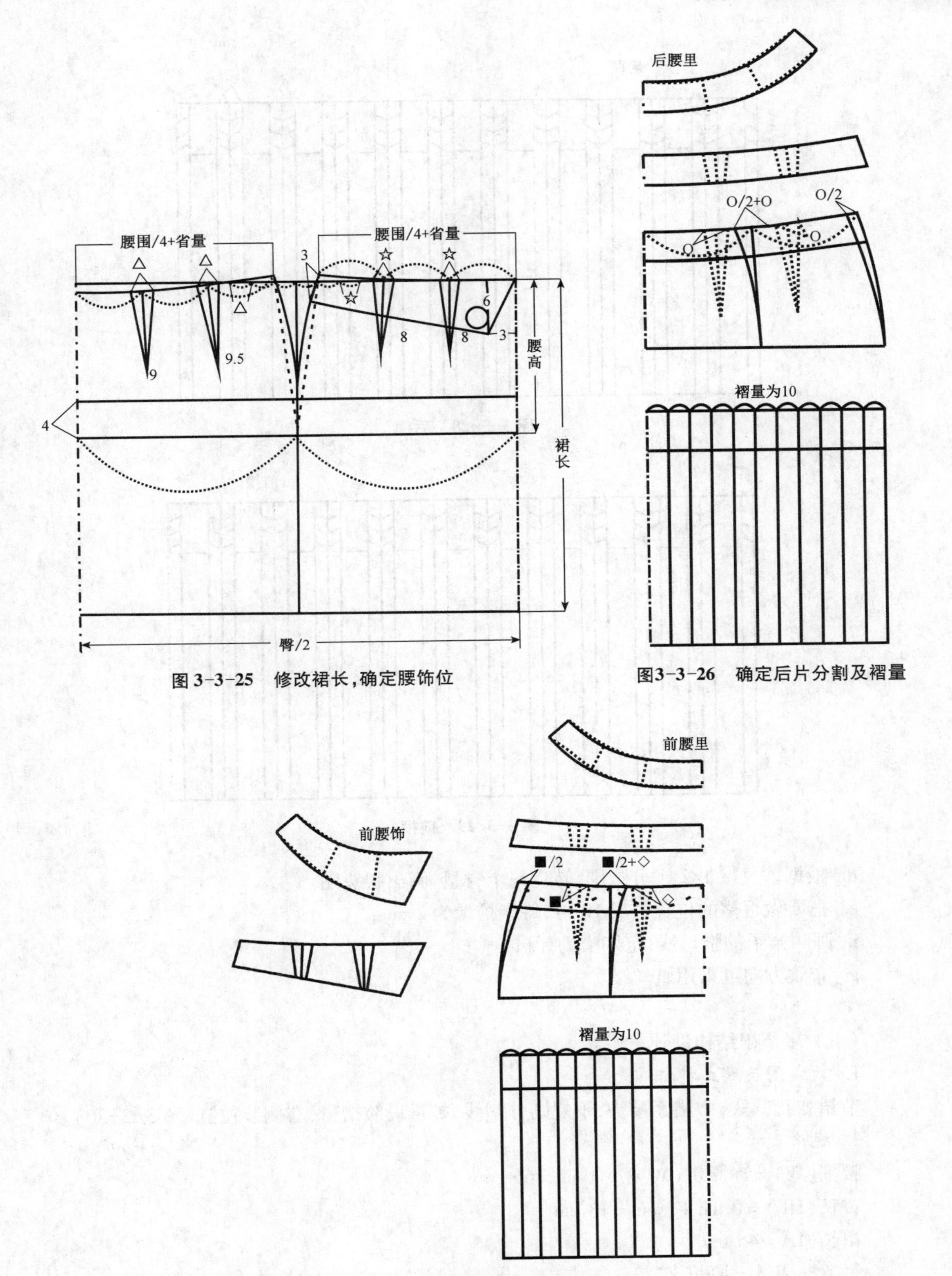


图 3-3-25　修改裙长，确定腰饰位

图3-3-26　确定后片分割及褶量

图 3-3-27　确定前片分割及褶量

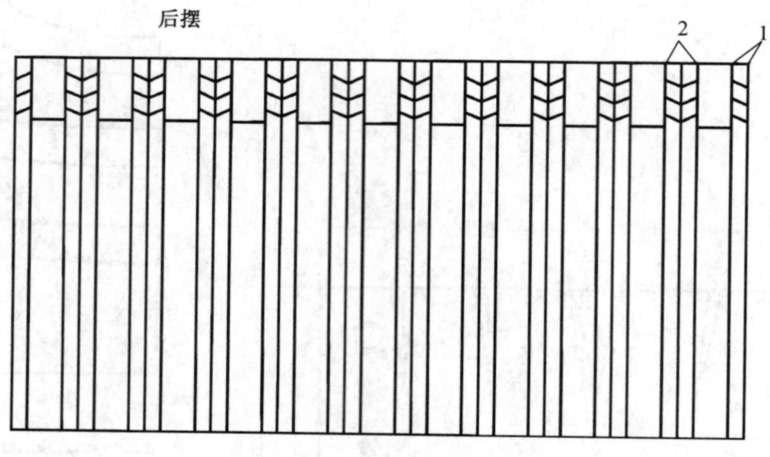


图 3-3-28 后摆

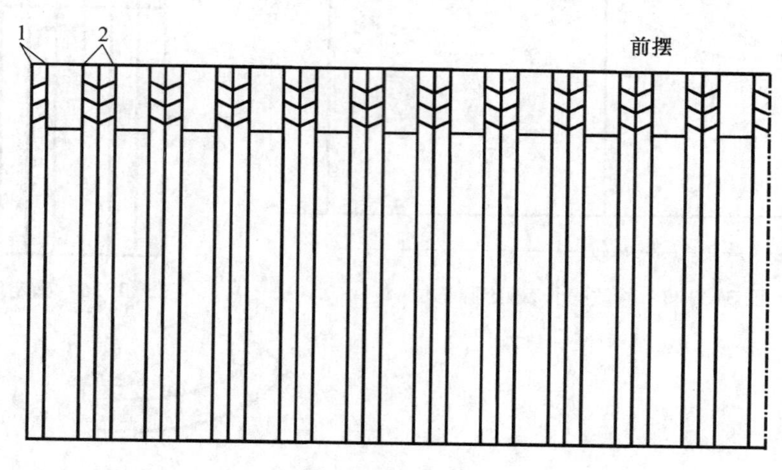


图 3-3-29 前摆

d. 根据款式按 1/2 平分腰围，转走一个省量，画出腰头贴。

e. 把要做百褶的位置分成 10 份，每个扩量为 2 cm。

f. 画顺裙子的腰口线，定好褶的牙口。

g. 布纹方向可采用直丝缕。

### （五）多节裙结构设计

1. 款式图及款式特征

节裙变化款式，中腰无腰头，不规则分割线，扩量设皱褶量，右侧装拉链（图 3-3-30）。

2. 规格尺寸

腰围(W) = 净腰围($W^*$) + 2 cm = 66 cm

臀长(HL) = 0.1h + 2 cm = 18 cm

裙长(L) = 46 cm

每节抽褶量 = 原长 × 2/3

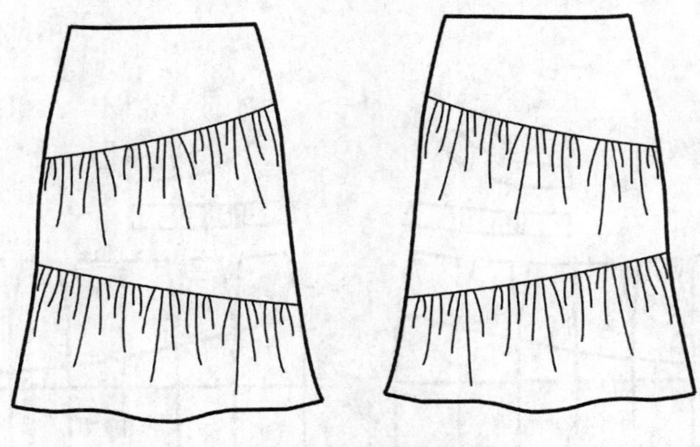

图 3-3-30　多节裙款式图

3. 结构设计

如图 3-3-31～图 3-3-36 所示。

制图步骤如下：

a. 以裙的基础纸样作为基样。

b. 修改裙长到需要的长度（画出适合的裙长）。

c. 由各个省尖点向底摆做分割线，闭合前后裙片省道，通过转省画出前后育克。

d. 依款式图设置分割线位置和腰头大小。

e. 把前后育克的底边长度除以 6，得出的数就是下一层裙每份的扩量数。

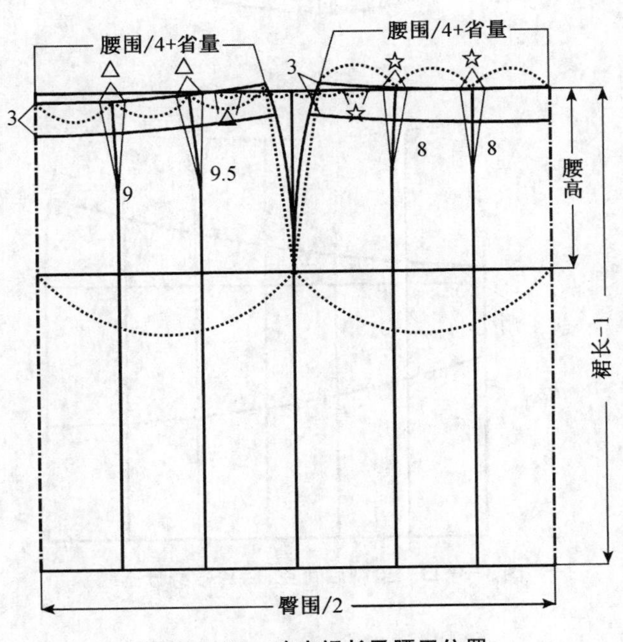


图 3-3-31　确定裙长及腰里位置

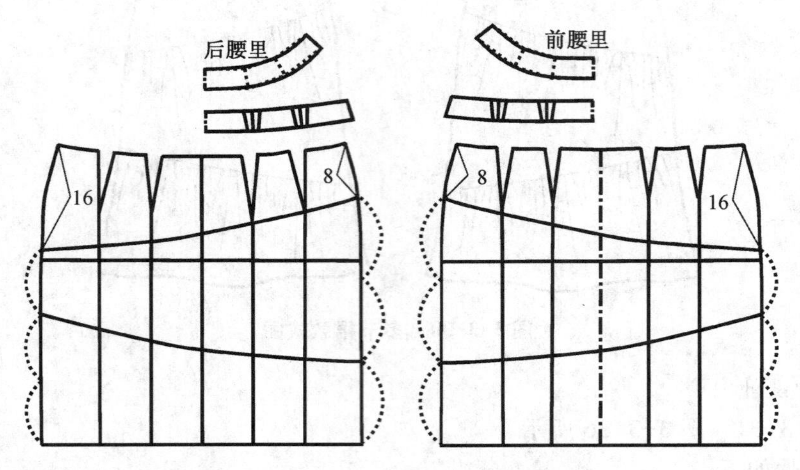


图 3-3-32　绘制腰里，确定分割线位置

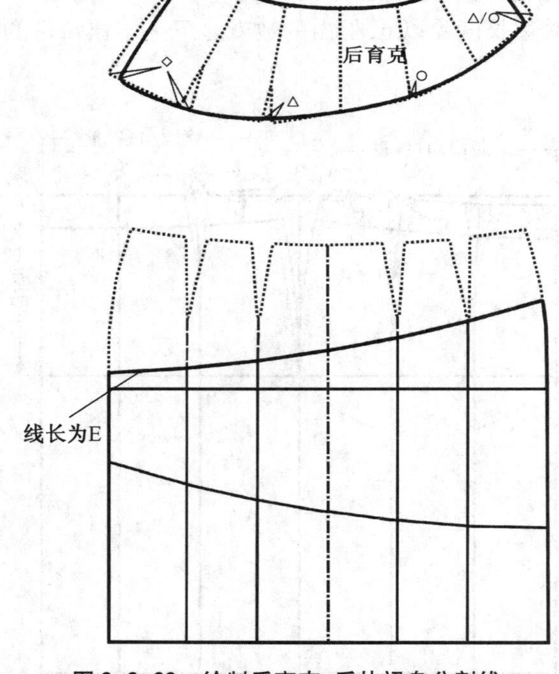


图 3-3-33　绘制后育克、后片裙身分割线

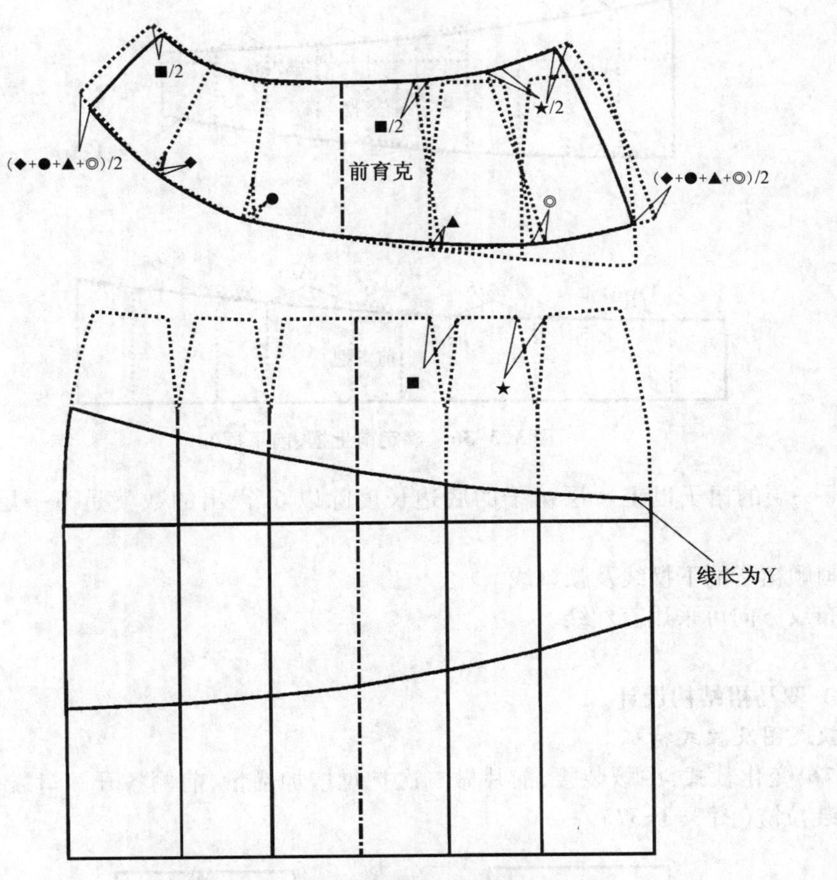


图 3-3-34　绘制前育克、前裙身分割线

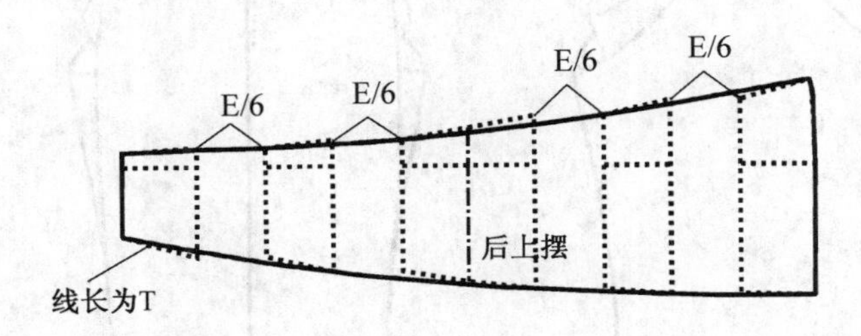


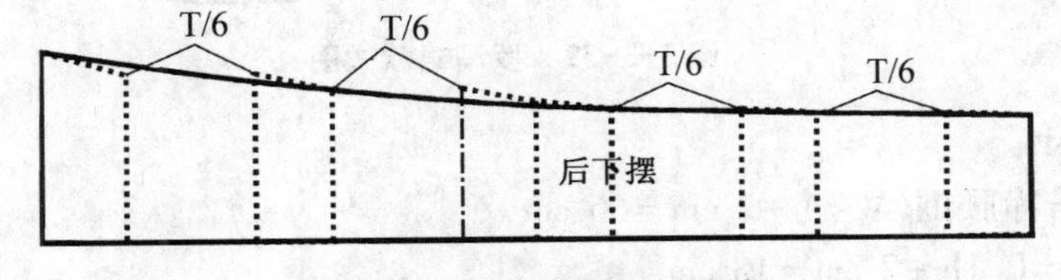


图 3-3-35　确定后上摆、后下摆

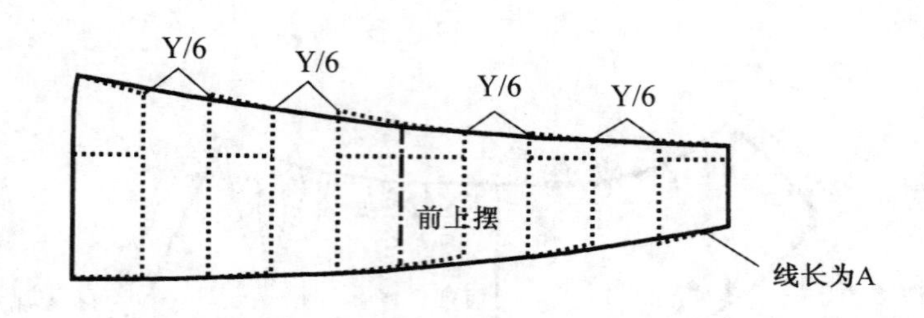


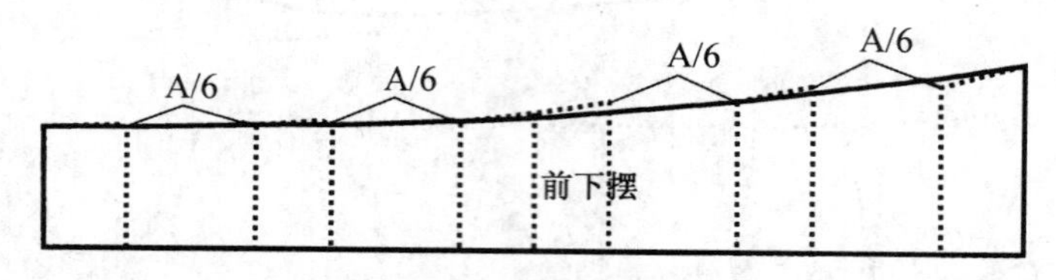


图 3-3-36　确定前上摆、前下摆

f. 下一层的裙子以上一层裙子的底边长度除以 6，得出的数就是下一层裙每份的扩量数。

g. 画顺裙子的下摆线及腰口线。

h. 布纹方向可采用直丝缕。

### （六）罗马裙结构设计

1. 款式图及款式特征

一步裙变化款式，中腰装腰，前片做二次扩量增加褶量，前侧各开一口袋；后片各设两省，后中装拉链（图 3-3-37）。

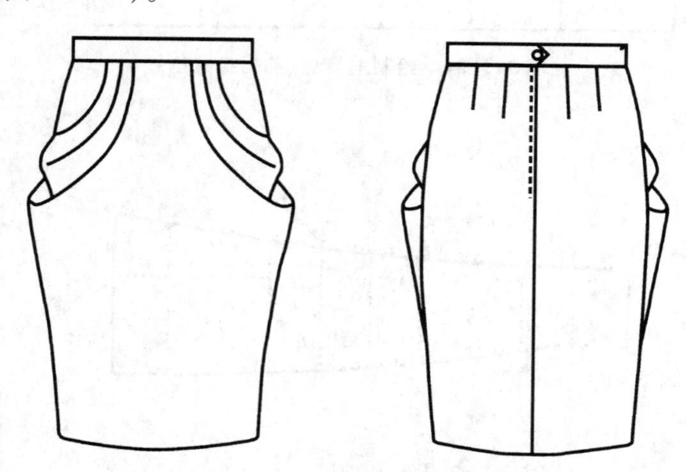

图 3-3-37　罗马裙款式图

2. 规格尺寸

腰围（W）= 净腰围（$W^*$）+ 2 cm = 66 cm

臀长（HL）= 0.1h + 2 cm = 18 cm

裙长（L）= 58 cm（含腰宽 3 cm）

3. 结构设计

如图 3-3-38 ~ 图 3-3-41 所示。

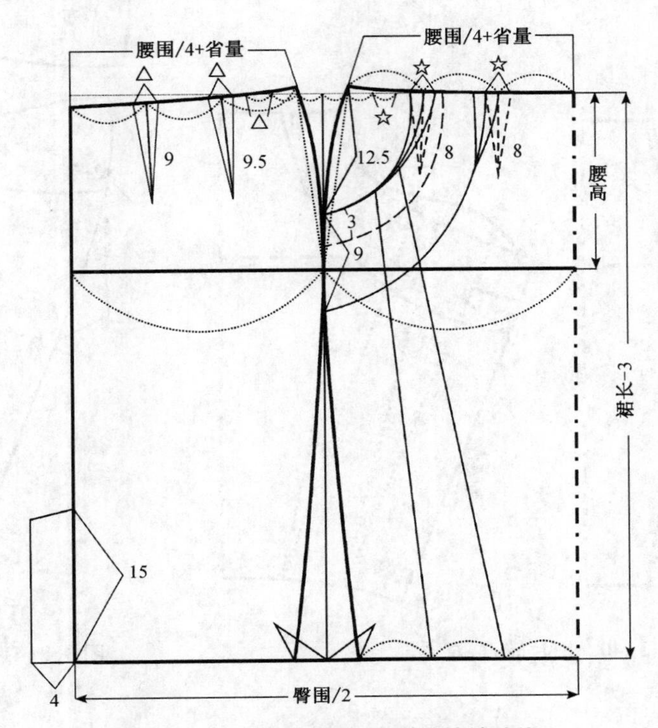


图 3-3-38 绘制后片,设置前片辅助线

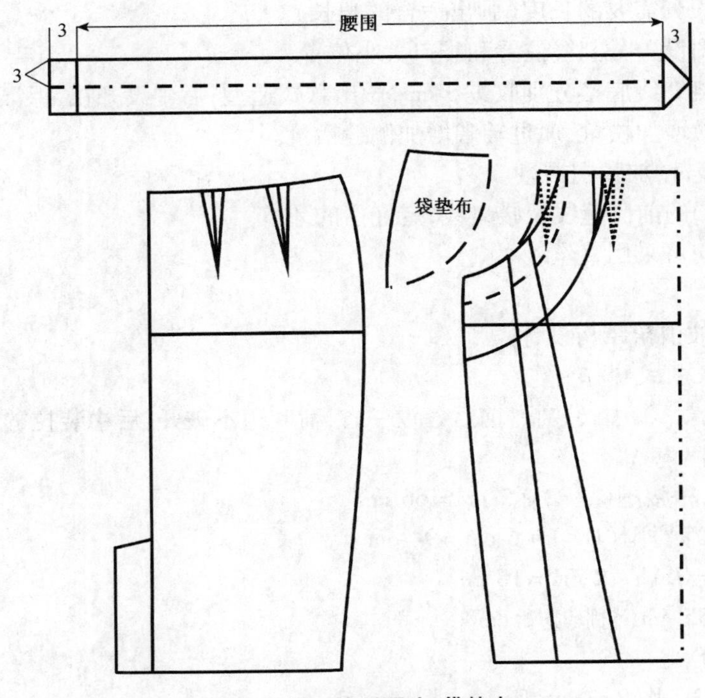


图 3-3-39 绘制腰头、袋垫布

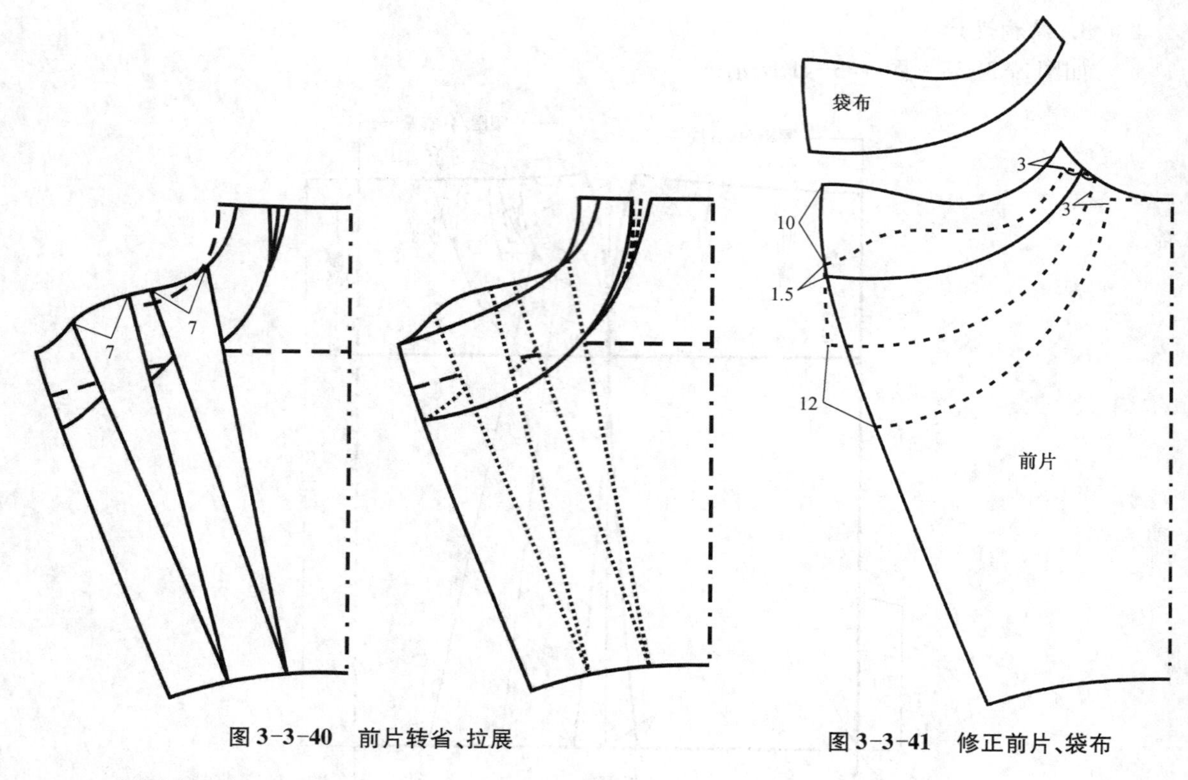


图 3-3-40　前片转省、拉展

图 3-3-41　修正前片、袋布

制图步骤如下：

a. 以裙的基础纸样作为基样。

b. 延长裙长到需要的长度(画出适合的裙长)。

c. 依款式图设置分割线位置和袋口大小位置。

d. 前后片侧缝线底摆分别收进 3 cm,做出款式造型;后中设开衩,保证摆围活动量。

e. 根据款式增加松量,通过转省增加侧缝褶量。

f. 根据造型,增加腰围褶量。

g. 画顺裙子的前侧缝线及腰口线,定好褶的牙口。

h. 布纹方向可采用直丝缕。

### (七)变化波浪裙结构设计

1. 款式图及款式特征

西装裙变化款式,中腰装腰,前后各设一省,荷叶边不破开,后中装拉链(图 3-3-42)。

2. 规格尺寸

腰围(W) = 净腰围($W^*$) +2 cm =66 cm

臀围(H) = 净臀围($H^*$) +6 cm =94 cm

臀长(HL) =0. 1h +2 cm =18 cm

裙长(L) =55 cm(含腰宽 3 cm)

3. 结构设计

如图 3-3-43 ~ 图 3-3-46 所示。

图 3-3-42　变化波浪裙款式图

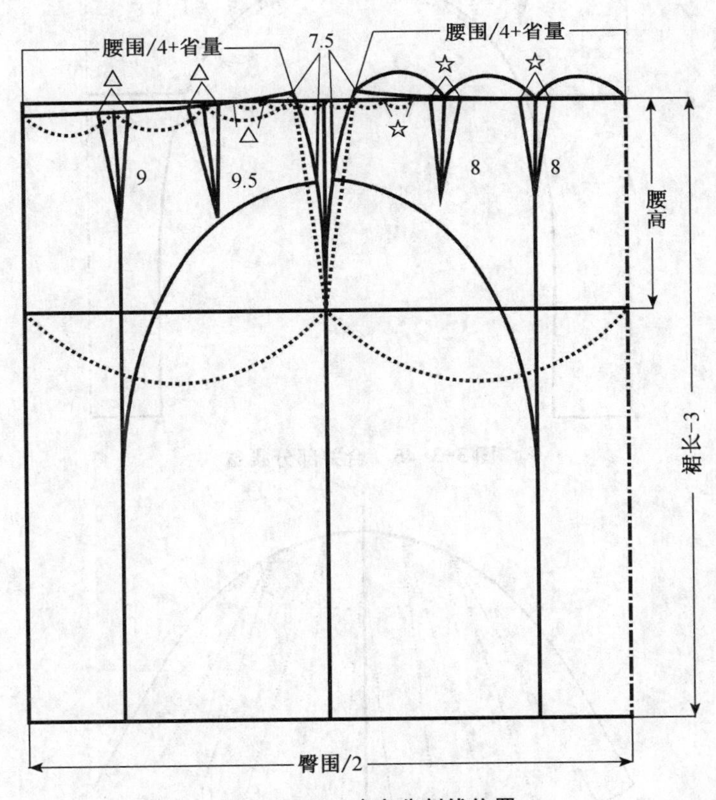


图 3-3-43　确定分割线位置

图 3-3-44　确定褶切展位置

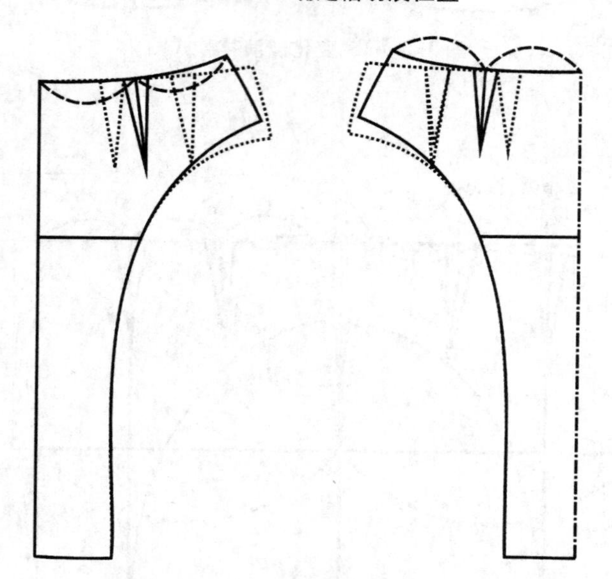

图 3-3-45　合并部分腰省

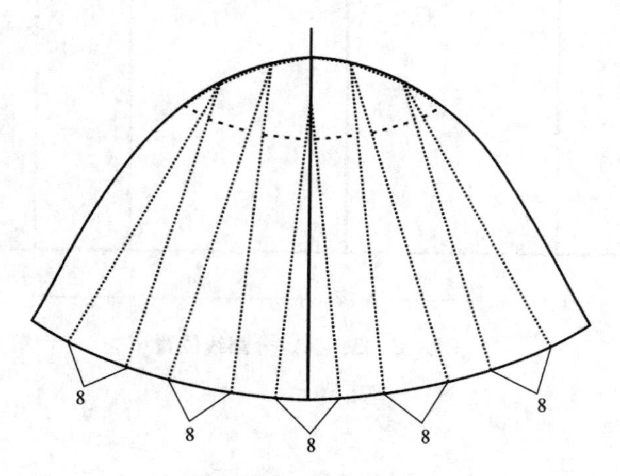


图 3-3-46　均匀切展

制图步骤如下：

a. 以裙的基础纸样作为基样。

b. 修改裙长到需要的长度（画出适合的裙长）。

c. 依款式图设置分割线位置和腰头大小。

d. 然后把侧腰省转移，重新定出腰省。

e. 把前后侧裙片（波浪褶）各分成3等份，然后合并原侧缝。

f. 根据款式把侧裙片扩量。

g. 画顺裙子的下摆线及腰口线。

h. 布纹方向可采用直丝缕。

### （八）中庸分割裙结构设计

1. 款式图及款式特征

中庸分割裙正腰装腰，前片右侧竖分割，左侧斜分割成两片，加荷叶边，后中分割，后中装拉链、开衩（图3-3-47）。

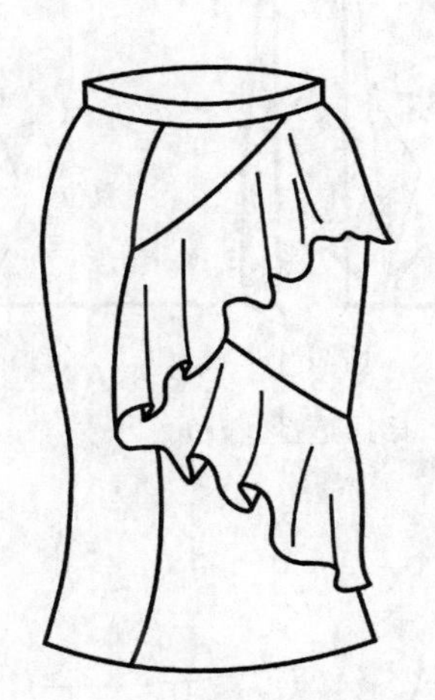
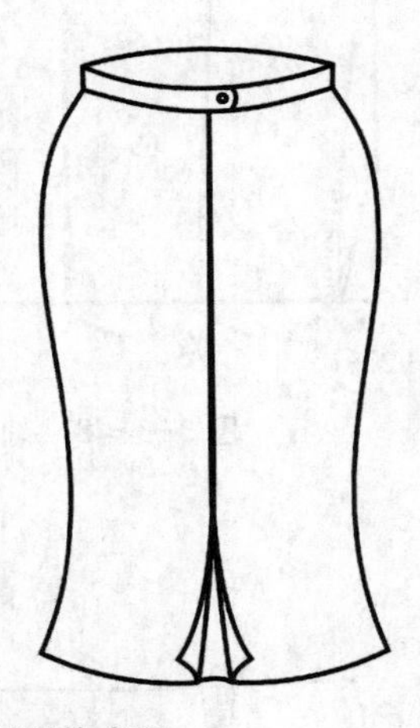

图3-3-47　中庸分割裙款式图

2. 规格尺寸

腰围（W）=75 cm

臀围（H）=97 cm

臀长（HL）=0.1$h$+2 cm=18 cm

裙长（L）=63 cm

3. 结构设计

如图3-3-48～图3-3-51所示。

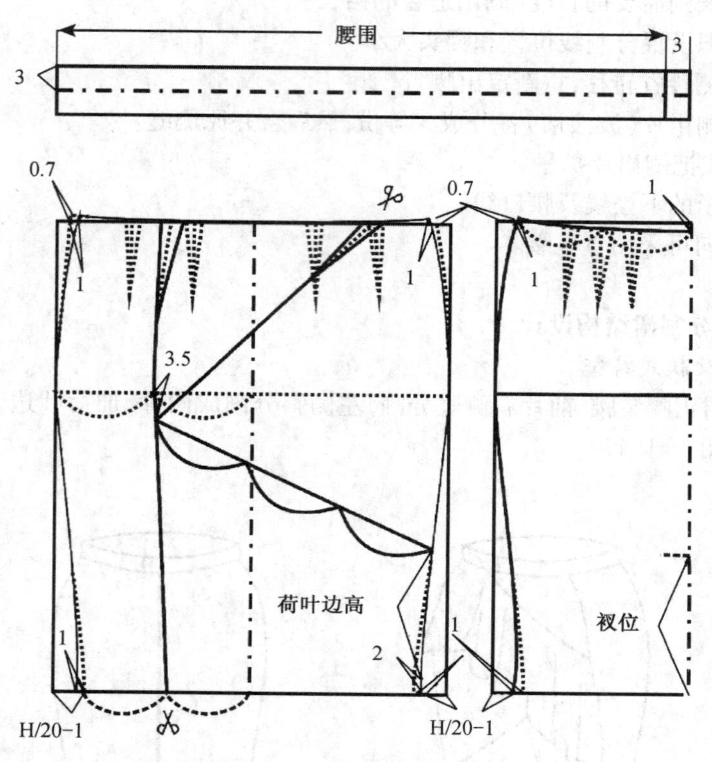


图 3-3-48　确定分割位、裙摆造型、衩位

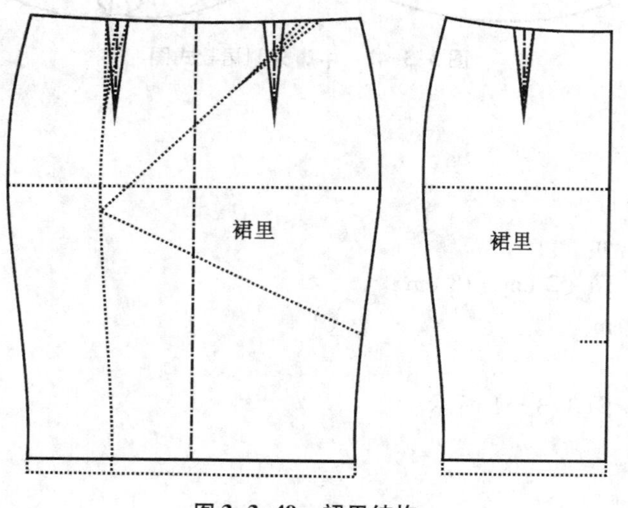


图 3-3-49　裙里结构

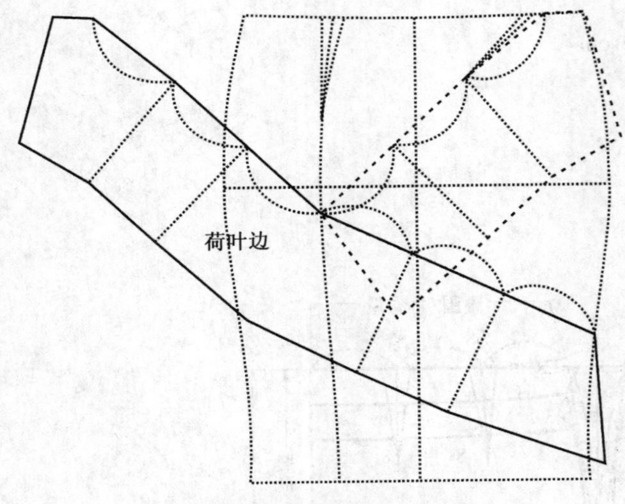


图 3-3-50　确定荷叶边位置

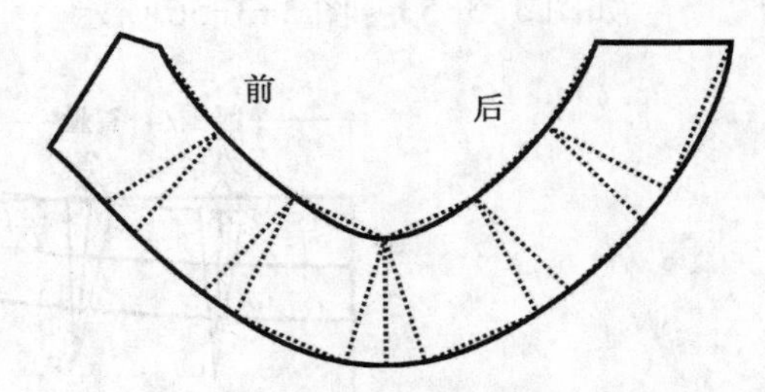


图 3-3-51　切展做荷叶边

制图步骤如下：

a. 以裙的基础纸样作为基样。

b. 修改裙长到需要的长度(画出适合的裙长)。

c. 依款式图设置分割线位置，根据造型侧缝下摆收窄。

d. 把前腰省收进分割线，把后腰侧省收掉，重新定出新的后腰省。

e. 画出前片荷叶边，根据款式把把荷叶边扩量。

f. 画顺裙子的荷叶边线及腰口线。

g. 布纹方向可采用直丝缕。

## (九) 弧线分割褶裙结构设计

1. 款式图及款式特征

西装裙变化款式，低腰装弯腰头，前设三个不规则刀褶，后片各设一省，后中装拉链(图 3-3-52)。

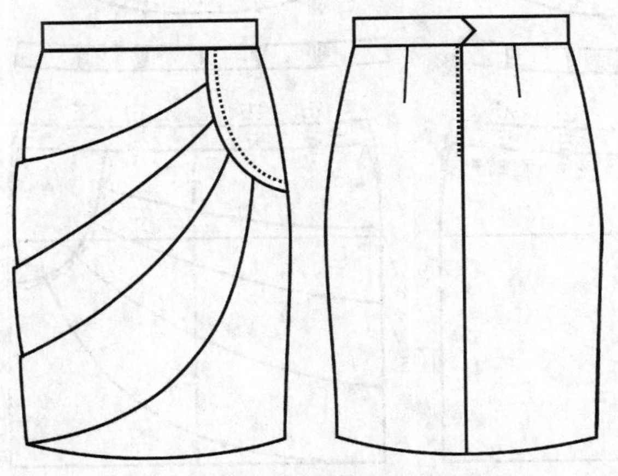

图 3-3-52　弧线分割褶裙款式图

2. 规格尺寸

腰围(W) = 净腰围($W^*$) + 2 cm = 66 cm

臀围(H) = 92 cm

臀长(HL) = 0.1h + 2 cm = 18 cm

裙长(L) = 45 cm(含腰宽 3 cm)

3. 结构设计

如图 3-3-53 ~ 图 3-3-56 所示。

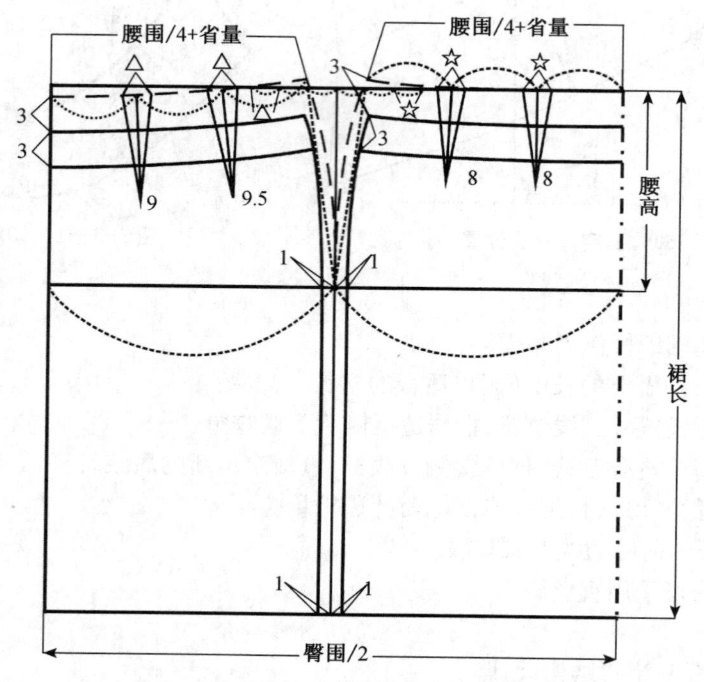


图 3-3-53　由裙基型确定合适的裙长

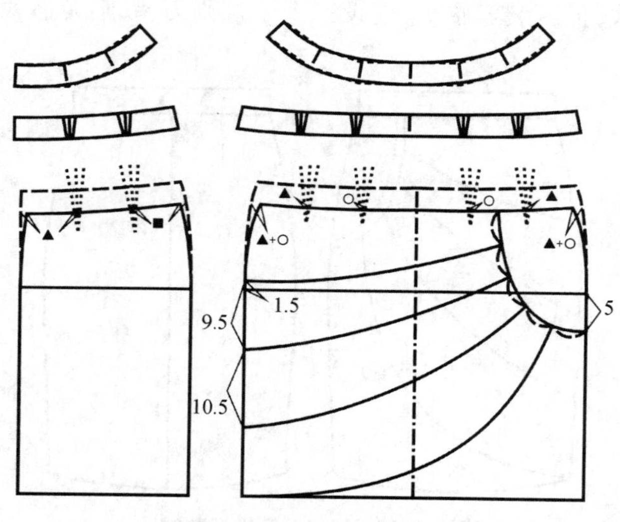


图 3-3-54　确定分割位

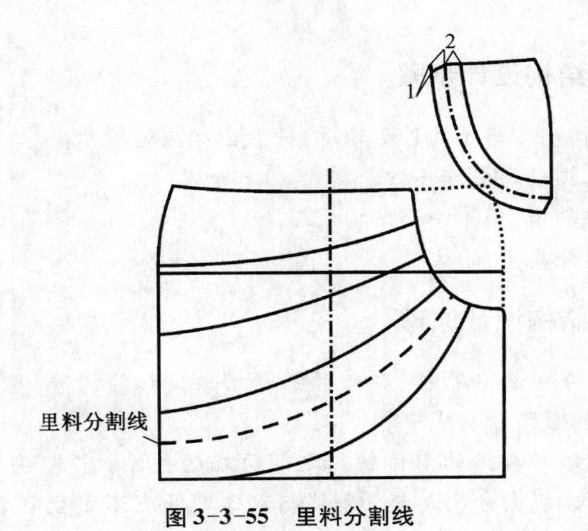


图 3-3-55　里料分割线

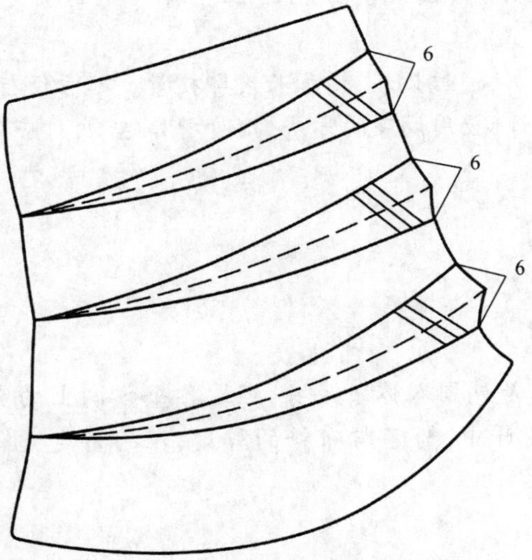

图 3-3-56　弧线分割褶裙结构图

制图步骤如下：

a. 以裙的基础纸样作为基样。

b. 修改裙长到需要的长度（画出适合的裙长）。

c. 依款式图设置分割线位置和腰头大小。

d. 从侧缝修改款式臀围的大小。对称前片，定出分割线位置。

e. 把分割线分成 5 等份，根据款式造型，增加褶量。

f. 画顺裙子的下摆线及腰口线，定好褶的牙口。

g. 布纹方向可采用直丝缕。

## 知识点小结

### 一、变化裙装结构设计步骤

(1) 审视效果图,确定裙子的外形轮廓,并做出相应轮廓裙型。

(2) 在裙型上根据效果图作各种分割。

(3) 作分割线中的省、褶等细部结构处理。

(4) 将各结构图分离出来。

### 二、变化裙装结构设计原理

(1) 多片裙通常是竖线分割裙,即四片裙、六片裙、八片裙等,竖线分割裙的分割线功能性比较强,即省道转移到分割线中。

(2) 服装的分割线与人体的形体特征之间存在的关系:首先,分割线设计要以结构的基本功能为前提;其次,纵向分割是使分割线与人体凹凸点不发生明显偏差的基础上,尽量保持平衡;其三,横线分割,特别是在臀部、腹部的分割线,要以凸点为确定位置。

(3) 裙子的育克是指在腰臀部设计分割线而形成的中间部分,通常育克的设计目的是为了保证服装符合人体的体型,因此其分割的位置有一定的确定性,不像节裙的分割位置主要是由款式决定的。

(4) 缩褶即长度的增加,通过切展,增加长度即褶量。起方便行走作用的波形褶裙采用下摆两侧直线分割的波形设计,应用切展的方法,褶量增加越多,对应分割线的曲度越大。

## 项目小结

**裙装结构分析**

### 一、裙装的放松量

裙子的基本立体形态是包围人体下半身,经过各个方向上的突出点形成的直筒型立体形态。但在裙子的实际设计中,为了与布料的厚度,人的行走、坐立等动作相适应,必须考虑加入适度的松量。

#### (一) 腰围的放松量

人在呼吸及站、坐时腰围会有2 cm的差值变化。从生理学角度讲,人体腰部周长缩小2 cm时,人体不会产生强烈的压迫感,所以裙装的放松量可控制在0~2 cm。

#### (二) 臀围的放松量

臀围放松量的大小直接影响裙装的造型风格。为满足人体一般坐立的变化需要,合体裙臀围的放松量一般控制在4~6 cm。

#### (三) 裙摆围的放松量

裙摆围的大小由款式的造型而定。宽松裙可呈A型、圆形,甚至超过360°。运动类型裙摆围波浪起伏、飘逸、舒展，而合体的裙摆围设计则要考虑到人体的活动范围。裙衩一般开在距腰口线 40 cm 以下为宜。无裙衩的裙摆围应随裙长的增加而增加。

## 二、臀高线的确定

臀高线与人体的高度存在一定的比例关系。一般认为臀高线距腰口线的距离为身高/10 +2，也有按 H/6 计算的。还可实际测量从腰节线至臀围线的长度进行确定。

## 三、腰省的确定

### （一）省量

腰省量为腰臀围的差值。它的设置与裙子的款式有关，每个省的省量过大或过小均不适宜。过大会使省尖过分尖突，过小则达不到收省的目的。

对于贴体裙装，侧缝省应控制在 0.5 ~1 cm。随着宽松程度的增加，省量可在 0.5 ~3 cm 之间变化。片内省的省量一般控制在 1.5 ~3 cm。

### （二）省数

整个腰围的片内省个数一般为偶数。如果是 4 个或 8 个，则前后各一半，以对称形式出现。如果是 6 个，则前 2 后 4。

## 四、臀围加放量与腰省的关系

若 $H^*$ 为净臀围，$W^*$ 为净腰围，$\Delta H$ 为臀围加放量，n 为裙片数。经研究，在臀围加放量一定的情况下，每片裙的最小腰省量 $= H^* - W^* - 2\Delta Hn$。

若要使腰省为零，则臀围的最小放松量 $=(H^* - W^*)/2$。

由此可见，裙摆量、臀围、腰省量是相互制约的。进而也将裙子的外形分为紧身裙、半紧身裙、斜裙、圆裙等。各种裙装的款式变化均是在这几种裙形基础之上进行分割、拉展、打褶等变化而得到的。

## 项目训练

### 一、思考题

1. 裙装的分类方法分别有哪几种？
2. 基础裙装的省道位置、大小及分配如何确定？
3. 直身裙、A 型裙、波浪裙在结构上的相互关系是什么？

## 二、实训任务单卡

**直身裙实训任务单**

<table>
<tr><td>课程名称</td><td>初级服装结构设计</td><td>项目名称</td><td>直身裙制版</td><td>实训人员(小组)</td><td></td></tr>
<tr><td>实训学时</td><td>2</td><td>实训对象</td><td>开课班级</td><td>实训地点</td><td>服装结构设计实训室</td></tr>
<tr><td>实训目的</td><td colspan="5">1. 掌握直身裙结构制图原理<br>2. 掌握直身裙结构制图方法<br>3. 熟记裙子各部位名称</td></tr>
<tr><td>实训内容及要求</td><td colspan="5">实训环境与工具<br>1 开牛皮纸、直尺、曲线尺、打版台、铅笔等<br>实训内容与要求<br>1. 按照款式图制作直身裙结构图(1:1) 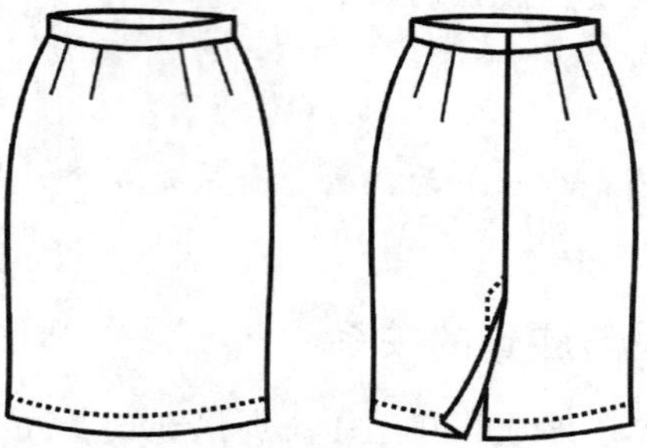<br>2. 标注各部位尺寸及公式,标注各部位名称<br>3. 结构制图线条标准,画面整洁<br>核心提示<br>一、腰省的作用<br>协调臀腰围度差,省也可以用褶或分割线来替换<br>二、腰围线的下落和起翘<br>根据人体体型的平衡关系,裙腰后中心下降 1 cm(人体腰围线后中点低于前中),侧缝处起翘0.7 cm,裙后中短一些,侧缝处长一些,达到实际裙摆的水平效果<br>三、直身裙效果图 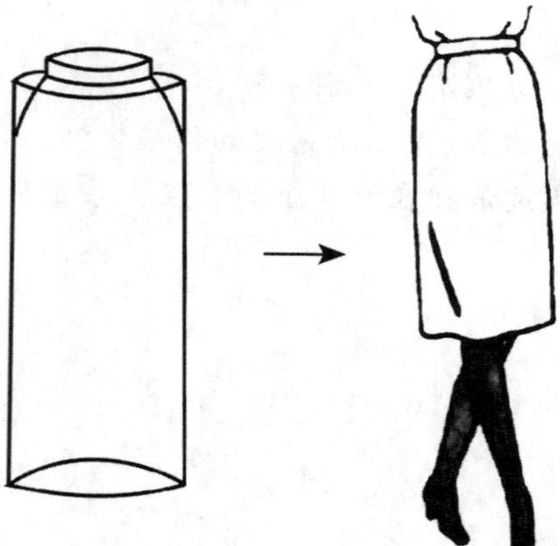</td></tr>
</table>

（续表）

| | | | |
|---|---|---|---|
| | 四、思考问题<br>裙子腰省设置的位置是一定的吗？为什么？连衣裙的腰省应该怎样设置 | | |
| 实施操作 | 1. 教师布置实训任务及思考问题<br>2. 学生实施操作<br>3. 实训完成后填写实训任务单，并陈述观点或回答问题 | | |
| 实训步骤与结果 | | | |
| 实训中的问题与结果评价 | | | |
| 实训体会 | | | |
| 教师评价 | 优 | 良 | 及格 |
| | 完成直身裙结构设计，采寸正确、制图符合标准、画面整洁 | 完成直身裙结构设计，采寸基本正确、制图基本符合标准、画面较整洁 | 完成直身裙结构设计，采寸一般、制图基本符合标准、画面一般 |

## 不同廓型裙实训任务单

| 课程名称 | 初级服装结构设计 | 项目名称 | 不同廓型裙结构制图 | 实训人员（小组） | |
|---|---|---|---|---|---|
| 实训学时 | 2 | 实训对象 | 开课班级 | 实训地点 | 服装结构设计实训室 |
| 实训目的 | 1. 掌握不同廓型裙装结构制图原理<br>2. 掌握不同廓型裙装结构制图方法 | | | | |
| 实训内容及要求 | **实训环境与工具**<br>1 开牛皮纸、直尺、曲线尺、打版台、铅笔等<br>**实训内容与要求**<br>1. 按照如下款式进行不同廓型裙装结构制图(1:1) | | | | |

（续表）

<table>
<tr><td></td><td colspan="3">2. 标注各部位尺寸及公式<br>3. 结构制图尺寸标准，画面整洁<br>核心提示<br>一、不同廓型裙的纸样设计规律<br>制约廓型的关键是腰线的曲度，变化范围从紧身裙、半紧身裙、斜裙、喇叭裙结构制图的不同阶段<br>二、不同廓型裙效果图<br>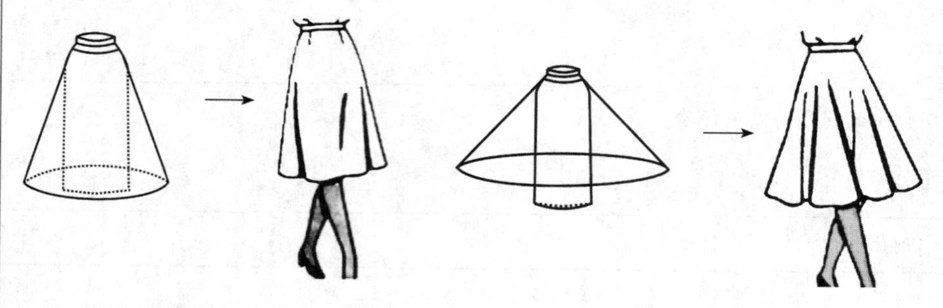<br>三、思考题<br>1. 腰省的大小是如何决定的？它的变化会引起哪些变化<br>2. 怎样使裙摆的喇叭形分布均匀<br>3. 腰弧线的变化与裙摆的变化有无关系</td></tr>
<tr><td>实施操作</td><td colspan="3">1. 教师布置实训任务及思考问题<br>2. 学生实施操作<br>3. 实训完成后填写实训任务单，并陈述观点或回答问题</td></tr>
<tr><td colspan="4">实训步骤与结果</td></tr>
<tr><td colspan="4">思考题答案</td></tr>
<tr><td colspan="4">实训中的问题与结果评价</td></tr>
<tr><td rowspan="2">教师评价</td><td>优</td><td>良</td><td>及格</td></tr>
<tr><td>完成不同廓型裙装结构设计，采寸正确、制图符合标准、画面整洁</td><td>完成不同廓型裙装结构设计，采寸基本正确、制图基本符合标准、画面较整洁</td><td>完成不同廓型裙装结构设计，采寸一般、制图基本符合标准、画面一般</td></tr>
</table>

## 分割线裙实训任务单

| 课程名称 | 初级服装结构设计 | 项目名称 | 分割线裙装结构制图 | 实训人员(小组) | |
|---|---|---|---|---|---|
| 实训学时 | 2 | 实训对象 | 开课班级 | 实训地点 | 服装结构设计室 |
| 实训目的 | 1. 掌握分割线裙装结构制图原理<br>2. 掌握各种分割线裙装结构制图方法 | | | | |
| 实训内容及要求 | **实训环境与工具**<br>1 开牛皮纸、直尺、曲线尺、打版台、铅笔等<br>**实训内容与要求**<br>1. 按照下图款式进行分割线裙装结构制图(1:1)<br>2. 标注各部位尺寸及公式,线条圆顺,画面整洁<br>**核心提示**<br>**一、分割线裙变化的纸样设计规律**<br>分割设置注意腰线省量的分配<br>**二、分割造型的三原则**<br>1. 穿着舒适、方便,造型美观,避免分割随意性<br>2. 尽量保持分割线平衡分布<br>3. 横线分割以人体凹凸点确定位置<br>**三、思考问题**<br>裙子纸样分割线的目的是什么 | | | | |
| 实施操作 | 1. 教师布置实训任务及思考问题<br>2. 学生实施操作<br>3. 实训完成后填写实训任务单,并陈述观点或回答问题 | | | | |
| 实训步骤与结果 | | | | | |

（续表）

<table>
<tr><td colspan="4">实训中的问题与结果评价</td></tr>
<tr><td colspan="4">实训体会</td></tr>
<tr><td rowspan="2">教师评价</td><td>优</td><td>良</td><td>及格</td></tr>
<tr><td>完成分割线裙结构设计，采寸正确、制图符合标准、画面整洁</td><td>完成分割线裙结构设计，采寸基本正确、制图基本符合标准、画面较整洁</td><td>完成分割线裙结构设计，采寸一般、制图基本符合标准、画面一般</td></tr>
</table>

## 褶裙实训任务单

<table>
<tr><td>课程名称</td><td>服装结构设计</td><td>项目名称</td><td>褶裙结构制图</td><td>实训人员（小组）</td><td></td></tr>
<tr><td>实训学时</td><td>2</td><td>实训对象</td><td>开课班级</td><td>实训地点</td><td>服装结构设计实训室</td></tr>
<tr><td>实训目的</td><td colspan="5">1. 掌握褶裙结构制图原理<br>2. 掌握各种褶裙结构制图方法</td></tr>
<tr><td>实训内容及要求</td><td colspan="5">实训环境与工具<br>1 开牛皮纸、直尺、曲线尺、打版台、铅笔等<br>实训内容与要求<br>1. 根据款式图进行褶裙结构制图(1:1) <br>2. 标注各部位尺寸及公式<br>3. 结构制图线条标准，画面整洁<br>核心提示<br>一、褶裙造型的三种特性<br>立体感、运动感、装饰感</td></tr>
</table>

（续表）

<table>
<tr><td></td><td colspan="3">二、规律褶裙（百褶裙、普力特褶裙）结构设计的原则<br>1. 将腰省量在各个褶中均匀处理<br>2. 为保证直丝，各个褶应该平行追加<br>3. 所有褶都需熨烫定型<br>三、思考题<br>怎样把褶裙和分割线裙进行合理组合</td></tr>
<tr><td>实施操作</td><td colspan="3">1. 教师布置实训任务及思考问题<br>2. 学生实施操作<br>3. 实训完成后填写实训任务单，并陈述观点或回答问题</td></tr>
<tr><td colspan="4">实训步骤与结果</td></tr>
<tr><td colspan="4">实训中的问题与结果评价</td></tr>
<tr><td colspan="4">实训体会</td></tr>
<tr><td rowspan="2">教师评价</td><td>优</td><td>良</td><td>及格</td></tr>
<tr><td>完成褶裙结构设计，采寸正确、制图符合标准、画面整洁</td><td>完成褶裙结构设计，采寸基本正确、制图基本符合标准、画面较整洁</td><td>完成褶裙结构设计，采寸一般、制图基本符合标准、画面一般</td></tr>
</table>

# 项目四　裤装结构设计

## 项目描述

与裙子相比，裤子更具合体性，同时由于裆部和膝部的功能性需要，所以裤装结构设计的要求更高。本项目着重介绍裤装结构与人体的关系、裤装分类，裤装结构设计技巧和原理，并举例说明各种裤装结构设计方法。

## 知识目标

1. 了解裤装分类情况。
2. 了解裤装和人体体型之间的关系。
3. 了解裤装主要构成要素。
4. 掌握裤装结构设计原理和方法。
5. 掌握各种类型裤装的结构特点及变化途径。

## 能力目标

1. 能根据女性下肢特征设计准确、合体的裤装。
2. 能进行各种风格的裤装结构设计。

# 任务一　裤装结构设计基础

## 一、裤装分类

裤装的款式很多，可以根据裤脚口的大小、臀围宽松程度、裤长、口袋类型、结构造型等来进行分类。

### （一）按裤脚口大小分类

裤子最基本的廓型按照裤脚口大小分为窄脚裤、直筒裤、喇叭裤、大阔腿裤。窄脚裤为适宜人体活动的窄裤管裤；直筒裤的裤管自膝盖以下呈直筒形；喇叭裤为膝下扩张的喇叭形裤；大阔腿裤的裤管则从横裆线开始向外扩张。

### (二) 按裤装臀围宽松量分类

贴体风格裤装:臀围松量为 4 ~ 6 cm 的裤装。

较贴体风格裤装:臀围松量为 6 ~ 12 cm 的裤装。

较宽松风格裤装:臀围松量为 12 ~ 18 cm 的裤装。

宽松风格裤装:臀围松量为 18 cm 以上的裤装。

### (三) 按裤装长度分类

分为超短裤、短裤、中裤、中长裤、七分裤、九分裤、长裤等。

### (四) 按裤装结构造型方法分类

分为分割线(纵向、横向、斜向)裤、高腰(腰宽 3 ~ 18 cm)裤、低腰(低于人体自然腰围线)裤、垂褶(侧缝或下裆缝有垂褶)裤、抽褶裤等。

### (五) 按裤装口袋型分类

前片口袋主要有直插口袋、斜插口袋、横插口袋、月亮形口袋;后片口袋分单嵌线袋、双嵌线袋及有袋盖的单双嵌袋。

## 二、裤装结构设计原理

### (一) 裤子结构的形成

裤子腰臀部贴体,并在髋底部位形成横裆结构,横裆结构在作用区和自由区上,为了满足人体的下肢运动需要,在裙子纸样的基础上,加长后片中线,增加人下蹲的活动量,形成裤子的纸样,如图 4-1-1 所示。

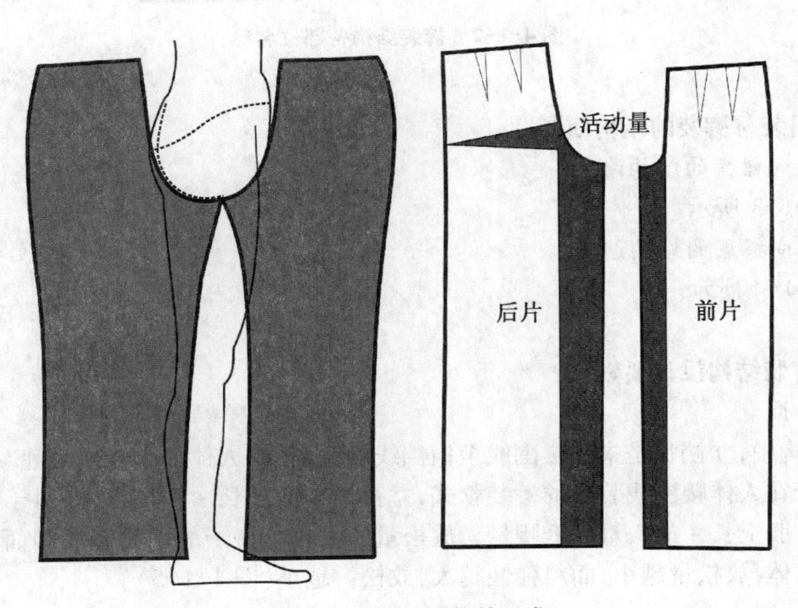


图 4-1-1　裤子结构的形成

### （二）裤装结构各部位名称

如图 4-1-2 所示。

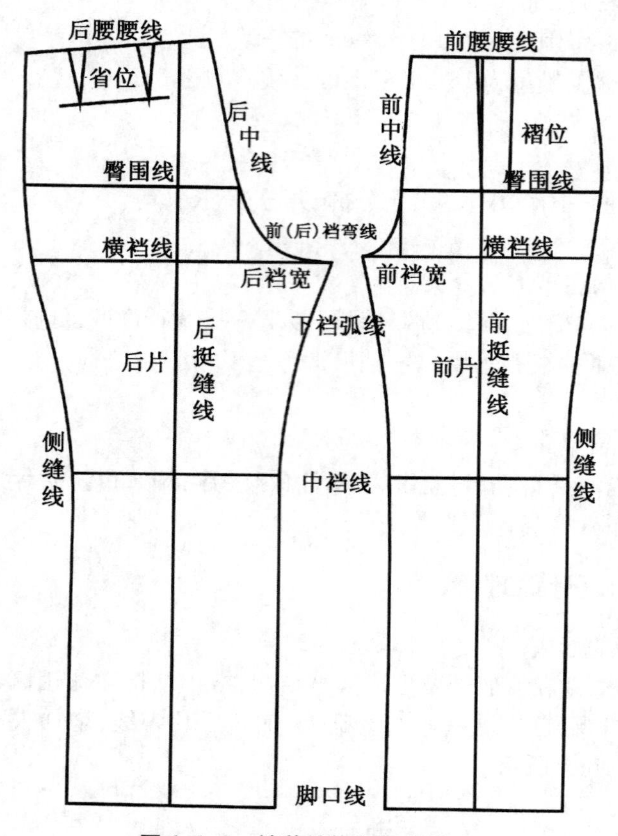


图 4-1-2　裤装结构各部位名称

### （三）裙装与裤装的结构演变

1. 裙装向裙裤的结构演变

如图 4-1-3 所示。

2. 裙裤向裤装的结构演变

如图 4-1-4 所示。

### （四）裤装结构设计要素

1. 立裆长

裤装结构中，立裆长是指从腰围线至横裆线的距离，与人体股上长有着密切联系，实际应用中，对于在人体腰围线装腰的裤装款式，立裆长 = 股上长 + 裆底松量；对于低腰裤装款式，立裆长 = 股上长 + 放松量 − 低腰量。放松量的大小与裤子的贴体程度和面料的弹性有关，裤子越贴体，放松量越小，面料弹性越大，放松量越小（图 4-1-5）。

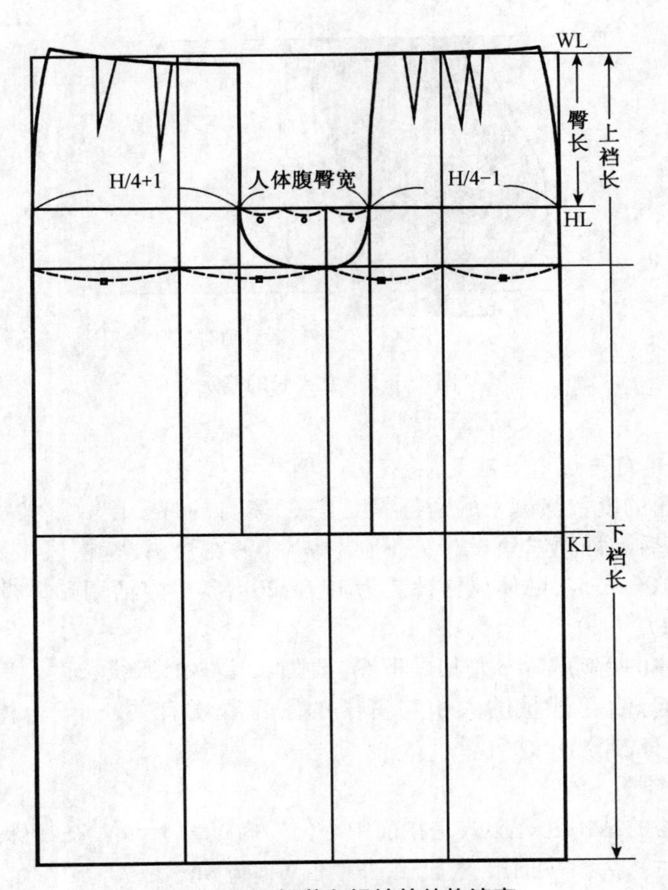


图 4-1-3 裙装向裙裤的结构演变

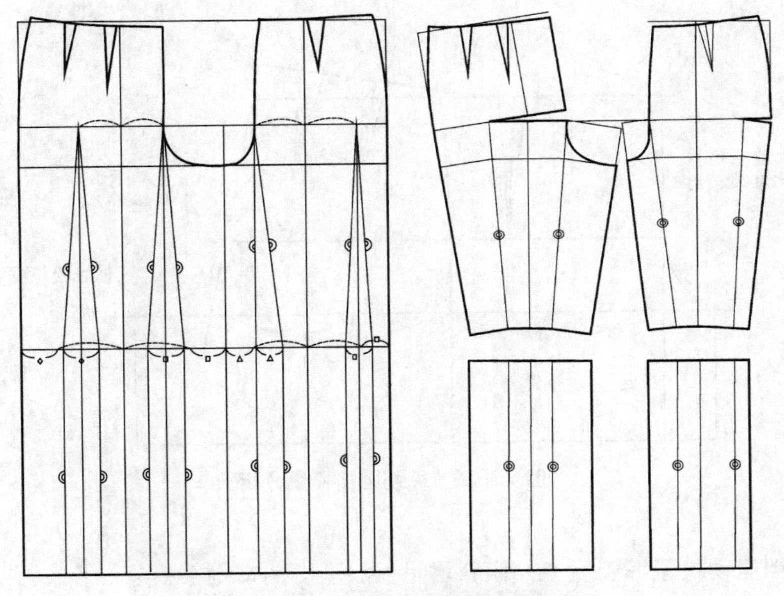

图 4-1-4 裙裤向裤装的结构演变

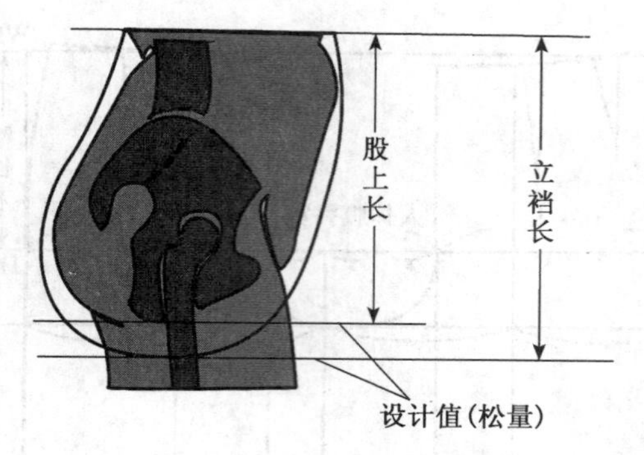


图 4-1-5　立裆长的确定

2. 后上裆倾斜角与后中起翘量

后上裆倾斜角的度数与裤子的紧身程度有关,紧身的裤子度数就大些,为 0° ~20°。根据裤装不同风格,后上裆倾斜角设计如下:裙裤为 0°,宽松、较宽松风格裤装为5° ~10°,较贴体风格裤装为 10° ~15°,贴体风格裤装为 15° ~20°,其中生活用贴体裤常取15° ~17°,运动型贴体裤常取 17° ~20°。

为了满足人体的运动需要,尤其是下蹲,要加长后中的弧线长度。后中弧线长度的加长就导致了后中起翘,起翘量的大小与裤子的紧身程度有关,一般合体类裤型为 2.5 ~ 3.5 cm,裤子越紧身,起翘量越大。

3. 前上裆倾斜量

前上裆倾斜角的结构处理形式是在前中心向内撇进约 1 cm。在特殊的情况下(如腰部没有省道或褶裥时),为解决前腰臀差,撇去量也可≤2 cm。

裤装上裆运动松量的三种处理方法如下(图 4-1-6):

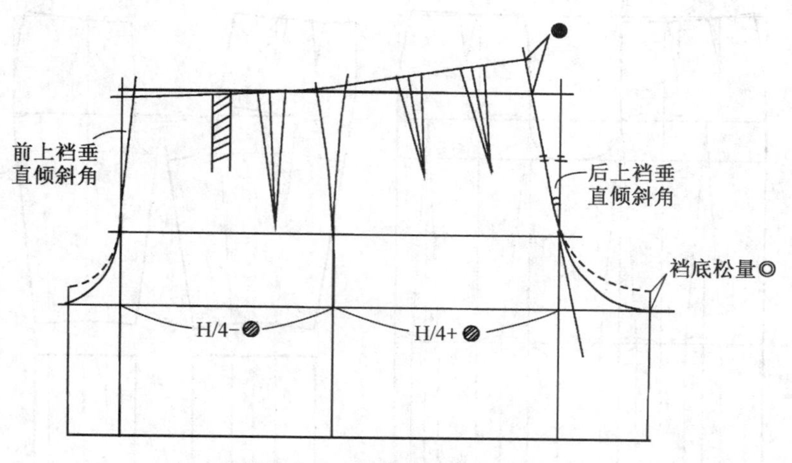


图 4-1-6　裤装上裆松量分析

a. 裤上裆运动松量等于后上裆倾斜增量(常用于贴体风格裤装)。

b. 裤上裆运动松量等于裆底松量(常用于宽松风格裤装)。

c. 裤上裆运动松量等于部分后上裆倾斜增量加部分裆底松量(常用于较宽松、较贴体风格裤装)。

4. 总裆宽及前、后裆宽的分配

总裆宽 = 人体腹臀宽 + 少量松量,一般裤装总裆宽取值为0.13H～0.16H。裤装内裆缝的位置即为前后裆宽的分界,一般前后裆宽的分配比例约为1∶2,在具体应用时可根据款式风格进行适当调整。

5. 中裆的位置及大小

在裤装结构中,中裆线的位置对应人体膝围线高度。中裆的大小对应人体膝围,并且要综合考虑膝部前屈所需的运动松量以及面料拉伸性等因素。

6. 后横裆线开落量

为了使前后片的内缝长度大致相等,后横裆线一般下落1 cm。

7. 挺缝线的造型与位置

(1) 前、后挺缝线均为直线型的裤装结构前挺缝线位于前横裆中点位置,即侧缝至前裆宽点的1/2处;后挺缝线位于后横裆中点位置,即侧缝至后裆宽点的1/2处。

(2) 前挺缝线为直线型,后挺缝线为合体型的裤装结构,前挺缝线位于前横裆中点位置,后挺缝线位于后横裆的中点向侧缝偏移0～2 cm处,后挺缝线偏移后,对后裤片必须进行熨烫工艺处理。

8. 臀围放松量

紧身型:4%H～8%H(净)。

较为贴体型:8%H～15%H(净)。

较为宽松型:15%H～20%H(净)。

宽松型:大于20%H(净)。

# 任务二　基础女裤结构设计

## 一、基础裤型(西裤)

### (一) 款式特征

选择较合体西裤作为基础裤型,腰臀部位较贴合人体,前后片各设置一个省道,侧缝左右各一个插袋,整体裤筒呈直线型,裤长至脚踝,腰线在人体腰围线处,裤腰为装腰结构。女装西裤的款式变化包括裤长、臀围宽松度、腰头、裤口及细节上的变化,合体西裤在腰围加2 cm左右放松量、臀围加4～6 cm放松量。

款式图如图4-2-1所示。

### (二) 规格尺寸

号型160/68A　单位cm

腰围(W) = 净腰围($W^*$) + 2 = 70 cm

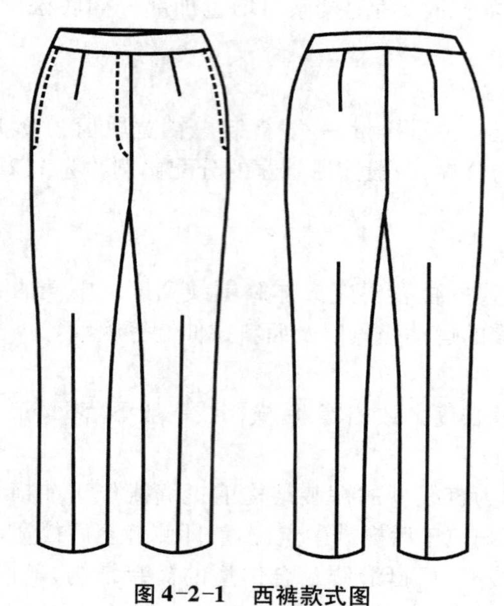

图 4-2-1　西裤款式图

臀围(H) = 净臀围($H^*$) + 松量 = 90 + 6 = 96 cm

裤长(L) = 95 cm

立裆长 = 28 cm(含腰头)

腰头宽 = 3 cm

脚口宽 = 20 cm

### (三) 结构设计

1. 制图公式及数据

前腰围:腰围/4 + 省量 = 20.5 cm

后腰围:腰围/4 + 省量 = 20.5 cm

裤长:裤长 - 3 = 92 cm

前臀宽:臀围/4 - 1 = 23 cm

后臀宽:臀围/4 + 1 = 25 cm

前裆宽:0.04 臀围 = 3.8 cm

后裆宽:0.11 臀围 = 10.56 cm

前脚口宽:脚口围/2 - 2 = 18 cm

后脚口宽:脚口围/2 + 2 = 22 cm

后上裆倾斜角 = 12°

2. 制图步骤

第一步,绘制基础线。裤子基本线、裤长线、侧缝直线、横裆线、后横裆开落线、臀围线、膝围线、臀宽线、前后裆宽、烫迹线、脚口宽、中裆宽(图 4-2-2)。

(1) 上平线(基本线):与布边垂直,以纬向作水平线。

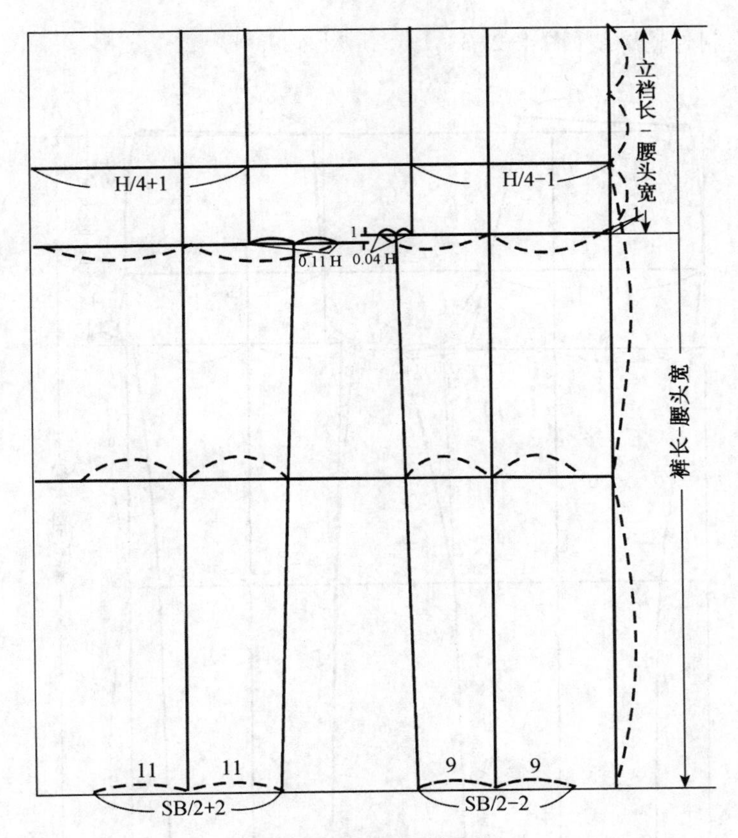


图 4-2-2 绘制基础线

（2）下平线（裤长）：由上平线往下量，作水平线。

（3）侧缝直线：相交于上平线和下平线，作垂线。

（4）横裆线：由上平线往下量立裆长度 - 腰头宽，作水平线。

（5）落裆线：由横裆线向下量 1 cm，作水平线。

（6）臀围线：将立裆三等分，即从上平线到横裆线三等分，从横裆线向上取 1/3 作水平线。

（7）中裆线：臀围线与下平线中点，作水平线。

（8）前臀围宽线：臀围线上，由前侧缝直线量进臀围/4 - 1，作垂线。

（9）后臀围宽线：臀围线上，由后侧缝直线量进臀围/4 + 1，作垂线。

（10）前裆宽：在横裆线上，由前臀围宽线量出 0.04 臀围，作点。

（11）后裆宽：在落裆线上，由后臀围宽线量出 0.11 臀围，作点。

（12）前挺缝线（烫迹线、裤中线）：在横裆线上，先由侧缝直线量进 1 cm 后，再量至前裆宽点两等份，作垂线。

（13）后挺缝线：在落裆线上，先由侧缝直线量进 1 cm 后，再量至后裆宽点两等份，作垂线。

（14）前后脚口宽：根据公式，以烫迹线为中点，两侧平分，定出脚口宽。

（15）前后中裆宽：在下平线的脚口宽点分别与前后裆宽的 1/2 作斜线，从而定出膝围基本宽。

第二步，绘制外轮廓线（图 4-2-3）。

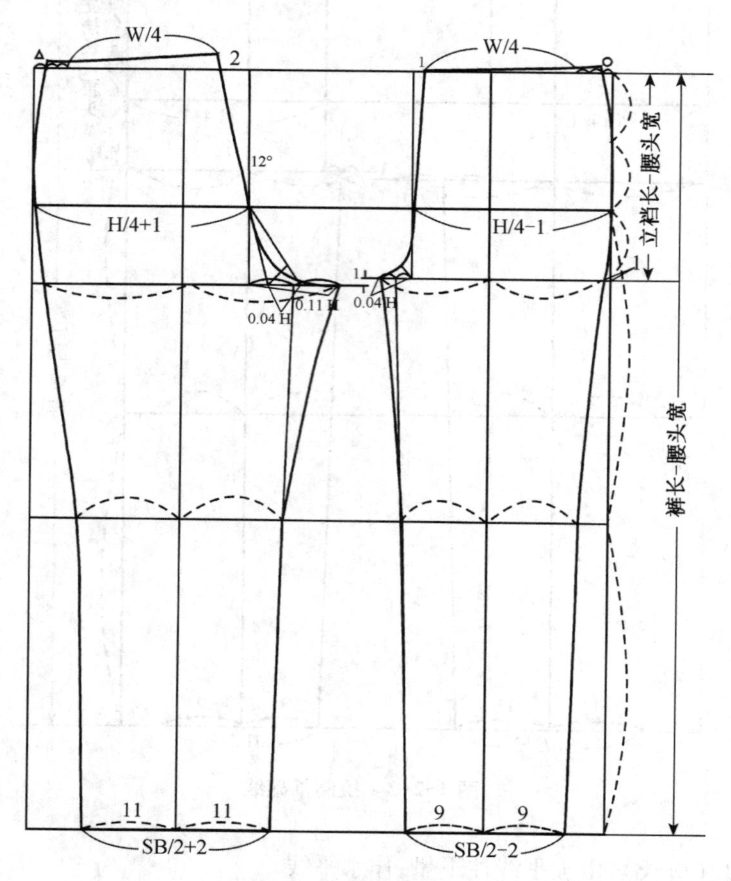


**图 4-2-3　绘制外轮廓线**

（1）前腰口线：由上平线量进 1 cm，量取 W/4，将剩余部分三等分，取其中两份作为省道量，并上翘 0.7 cm，作平顺弧线。

（2）前裆弧线：连接臀围线至前裆宽点，通过横裆线和前臀围宽线的交点作垂线，再将其三等分，每份为○，由上平线量进 1 cm 连至前臀围宽线和臀围线，通过 2/3 处到前裆宽点，作圆顺曲线。

（3）后裆弧线：过后臀围宽线和臀围线交点，作与后臀围宽线呈 12°夹角的直线，上至上平线向上 2 cm，下与落裆线相交，过该点作后臀围宽线和臀围线交点和该点向右量取 0.04臀围点连线的垂直线，并将其三等分，通过 2/3 处到后裆宽点，作圆顺曲线。

（4）后腰口线：由上平线向上 2 cm 处向左量取 W/4，将剩余部分三等分，每份为△，取其中两份作为省道量，并上翘 0.7 cm，作平顺曲线。

（5）裆宽至膝围线到脚口宽点画顺。

（6）侧缝弧线：由腰口线画出弧线通过臀围线至裆深线点连顺，再由裆深宽点至膝围宽作直线，中间凹进 0.3 cm 弧线连顺至脚口，侧缝弧线一定要连接圆顺。

第三步，绘制内部结构线（图 4-2-4）。

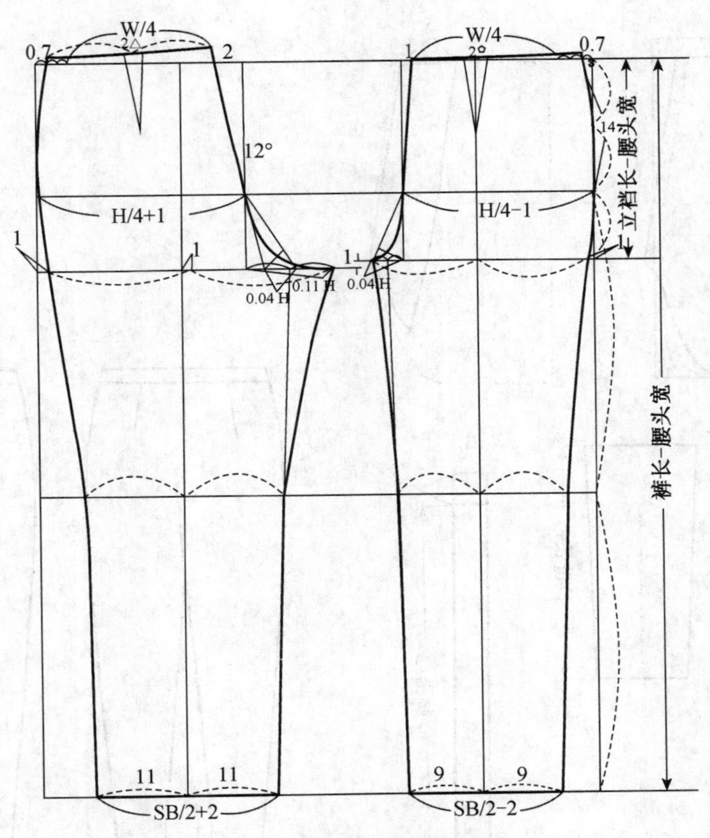


图 4-2-4　绘制内部结构线

(1) 省位：前省以烫迹线为界，左右省量各为○，省长为 10 cm；后省以后腰口线中点为省道中心点，左右省量各为△，省道垂直于腰口线，省长 10 cm。

(2) 袋位：直插袋在外侧缝线上，距腰口 3 cm 处为袋口上点，袋口宽为 14 cm。

第四步，零部件完成图（图 4-2-5）。

(1) 口袋布：作长为 30 cm、宽为 16 cm 的矩形，取 2/3 口袋长度和 4/5 口袋宽度连接，为前口袋口，后口袋口比前口袋口多 1 cm；取 1/3 口袋长度和 3/4 口袋宽度连接，修顺口袋造型曲线。

(2) 垫袋布：以口袋造型为基础，口袋口缩进 0.5 cm，宽度为 5 cm。

(3) 门襟：长度为拉链长度 +1 cm，宽度为 3 cm。

(4) 里襟：长度为拉链长度 +1 cm，上宽为 4 cm，下宽为 3 cm，两片连裁。

(5) 腰头：长度为腰围长度 +3 cm，宽度为 3 cm。

## 二、紧身裤

### （一）款式图及款式特征

高腰紧身铅笔裤，臀腿部合体，脚口很小，裤子整体贴在腿上，时尚感强。

款式图如图 4-2-6 所示。

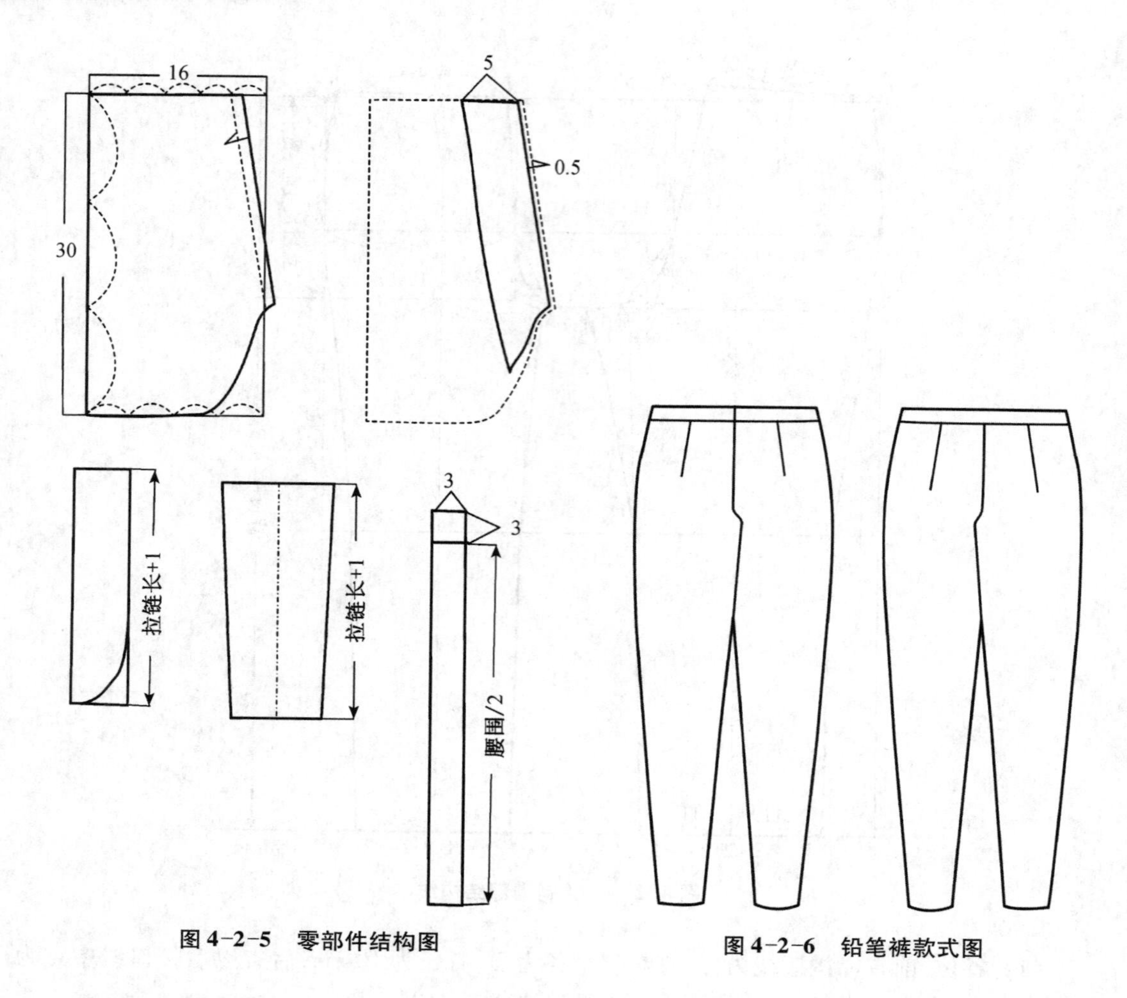


图 4-2-5　零部件结构图

图 4-2-6　铅笔裤款式图

**（二）规格尺寸**

号型 160/68A　单位 cm

腰围(W) = 净腰围($W^*$) = 68 cm

臀围(H) = 净臀围($H^*$) + 松量 = 90 + 3 = 93 cm

裤长(L) = 90 cm

立裆长 = 27 cm

腰头宽 = 3 cm

脚口围 = 26 cm

**（三）结构设计**

1. 制图公式及数据

前腰围:腰围/4 + 省量 = 19.8 cm

后腰围:腰围/4 + 省量 = 19.8 cm

裤长:总裤长 - 3 + 1 = 88 cm

前臀围:臀围/4 - 0.5 = 22.75 cm

后臀围:臀围/4 +0.5 =23.75 cm

前裆宽:臀围/20 -1 =3.65 cm

后裆宽:臀围/10 -1 =8.3 cm

前脚口宽:脚口围/2 -2 =11 cm

后脚口宽:脚口围/2 +2 =15 cm

2. 制图步骤

如图 4-2-7 所示。

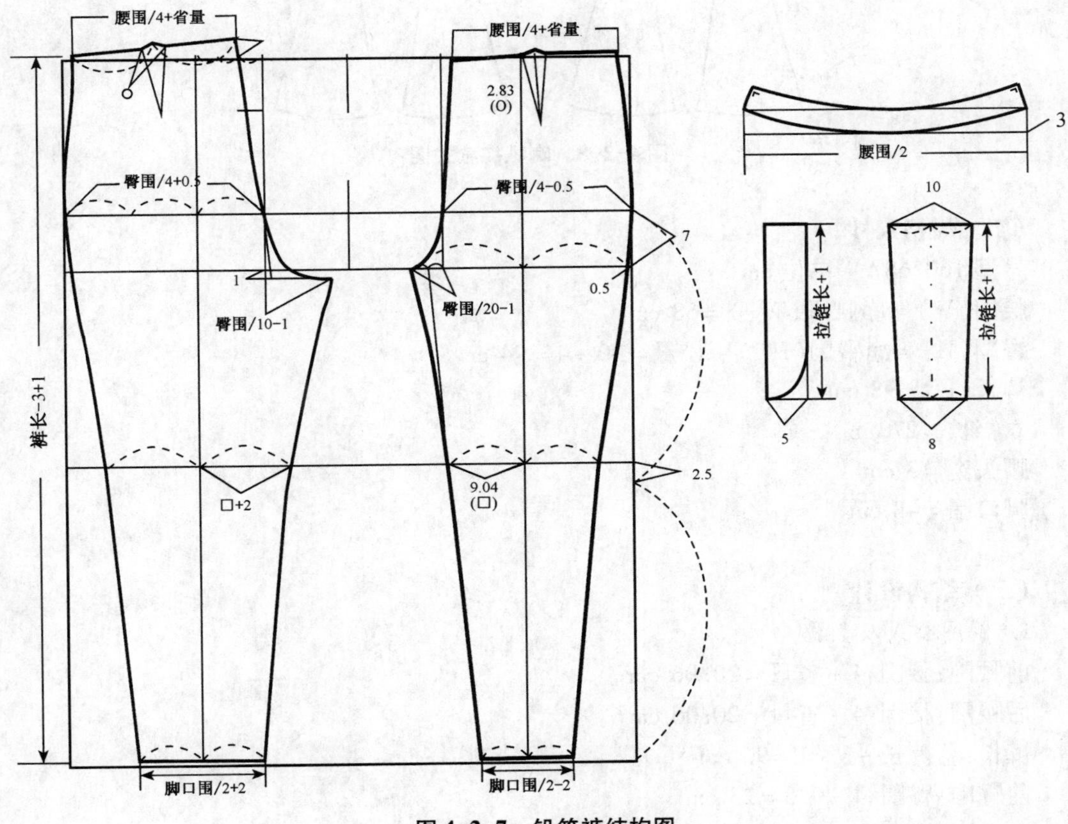


图 4-2-7 铅笔裤结构图

a. 以裤的基础纸样作为基样。

b. 膝围宽改窄。

c. 脚口改窄,数据视款式效果而定。

## 三、喇叭裤

### (一) 款式图及款式特征

高腰喇叭裤,臀部与腰部十分贴体,从膝盖处开始呈喇叭形状。

款式图如图 4-2-8 所示。

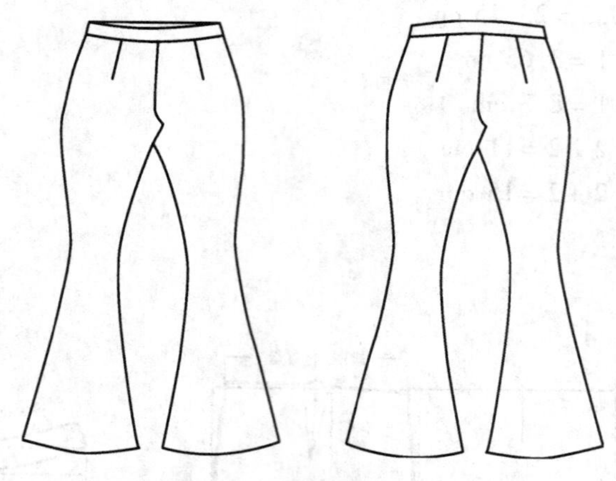

图 4-2-8　喇叭裤款式图

### （二）规格尺寸

号型 160/68A　单位 cm

腰围(W) = 净腰围($W^*$) = 68 cm

臀围(H) = 净臀围($H^*$) + 松量 = 90 + 4 = 94 cm

裤长(L) = 98 cm

立裆长 = 27 cm

腰头宽 = 3 cm

脚口围 = 48 cm

### （三）结构设计

1. 制图公式及数据

前腰围:腰围/4 + 省量 = 20.06 cm

后腰围:腰围/4 + 省量 = 20.06 cm

裤长:总裤长 − 3 + 1 = 96 cm

前臀围:臀围/4 − 0.5 = 23 cm

后臀围:臀围/4 + 0.5 = 24 cm

前裆宽:臀围/20 − 1 = 3.6 cm

后裆宽:臀围/10 − 1 = 8.4 cm

前脚口宽:脚口围/2 − 2 = 22 cm

后脚口宽:脚口围/2 + 2 = 26 cm

2. 制图步骤

如图 4-2-9 所示。

a. 以裤的基础纸样作为基样。

b. 膝围宽改为 19 cm(数字不是定数)。

c. 脚口改宽,数据视款式效果而定。

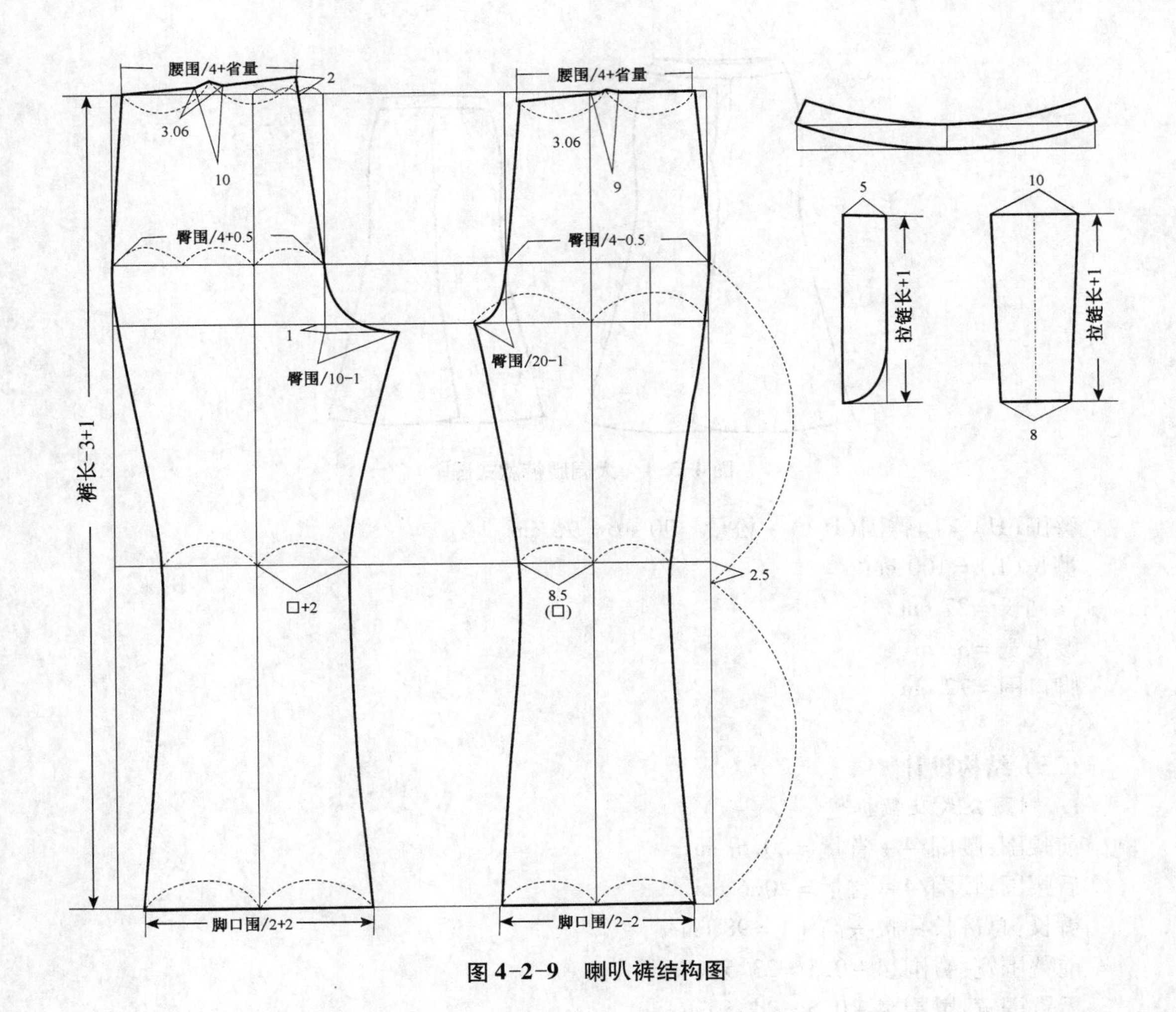


图 4-2-9　喇叭裤结构图

# 任务三　变化裤型结构设计

## 一、大阔腿裤

### (一) 款式图及款式特征

大阔腿裤又称裙裤。整个裤腿放开,呈喇叭状。穿时腿部形成像裙子一样的宽松造型。弯裤头,腰围比较合体,臀部较合体,裤子不容易下滑。

款式图如图 4-3-1 所示。

### (二) 规格尺寸

号型 160/68A　单位 cm

腰围(W) = 净腰围($W^*$) + 2 = 70 cm

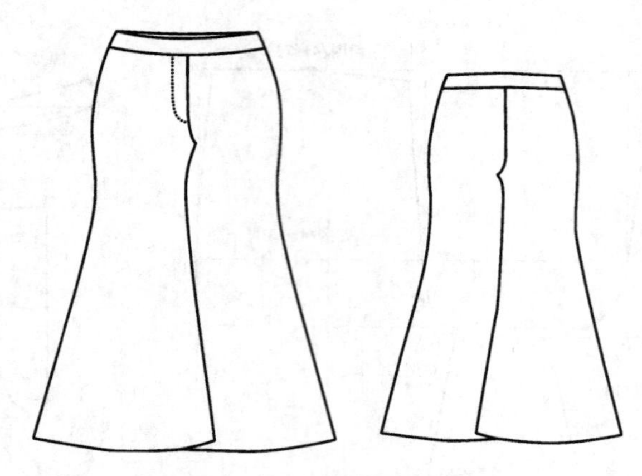

图 4-3-1　大阔腿裤款式图

臀围(H) = 净臀围($H^*$) + 松量 = 90 + 6 = 96 cm

裤长(L) = 100 cm

立裆长 = 27 cm

腰头宽 = 3 cm

脚口围 = 72 cm

### (三) 结构设计

1. 制图公式及数据

前腰围:腰围/4 + 省量 = 20.6 cm

后腰围:腰围/4 + 省量 = 20.6 cm

裤长:总裤长 - 腰头高 + 1 = 98 cm

前臀围宽:臀围/4 - 0.5 = 23.5 cm

后臀围宽:臀围/4 + 0.5 = 24.5 cm

2. 制图步骤

如图 4-3-2 所示。

a. 以西裤的基础纸样做基样。

b. 中裆线:臀围线与膝围线的中点,作横线。

c. 臀围线:裆深线上 8 cm。

d. 由前裆宽至膝围线到脚口宽点画顺。

e. 侧缝弧线:由腰口线画出弧线通过臀围线至裆深线点连顺,再由裆深宽点至膝围线至脚口,一定要圆顺。

## 二、灯笼裤

### (一) 款式图及款式特征

灯笼裤臀围松量小,腿部较合体,脚口收紧呈灯笼状,上身裤型裤子整体贴在身体上,下裤脚较宽松,脚口收紧,给人以俏皮的视觉效果。

款式图如图 4-3-3 所示。

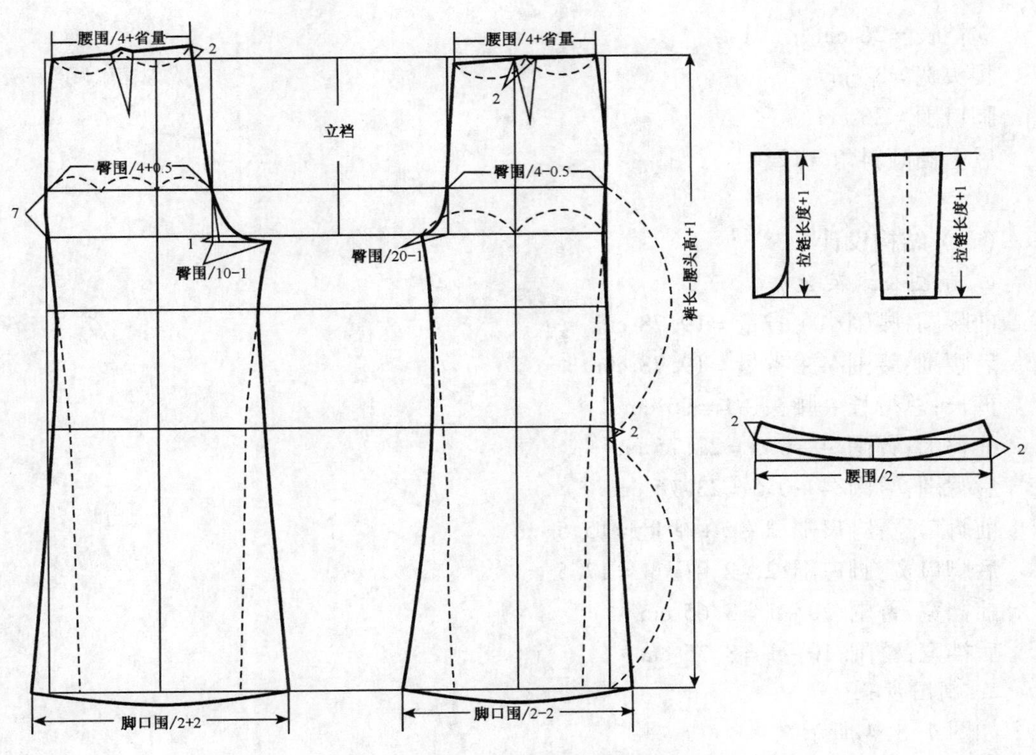


图 4-3-2　灯笼裤结构制图

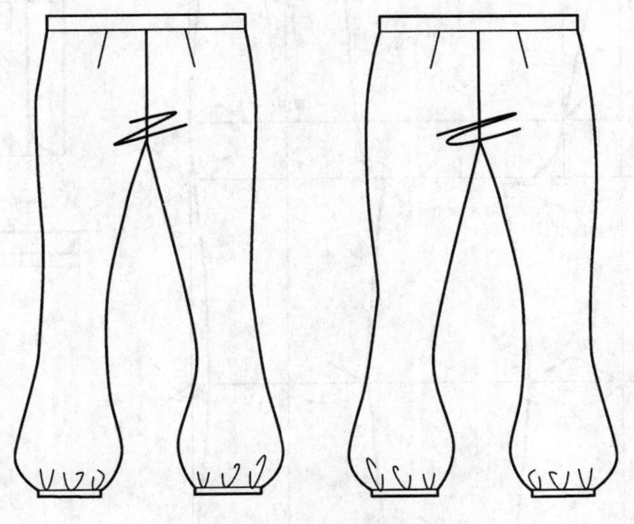

图 4-3-3　灯笼裤款式图

## (二) 规格尺寸

号型 160/68A　单位 cm

腰围(W) = 净腰围(W*) + 2 = 70 cm

臀围(H) = 净臀围(H*) + 松量 = 90 + 3 = 93 cm

裤长(L) = 98 cm

立裆长 = 26 cm
腰头宽 = 3 cm
脚口围 = 26 cm
后上裆倾斜角 = 12°

### （三）结构设计

1. 制图公式及数据

前腰围：腰围/4 + 省量 = 19.78 cm
后腰围：腰围/4 + 省量 = 19.78 cm
裤长：总裤长 - 腰头 + 1 = 96 cm
前臀围：臀围/4 - 0.5 = 22.75 cm
后臀围：臀围/4 + 0.5 = 23.76 cm
前脚口宽：脚口围/2 - 2 + 褶量 = 15.5 cm
后脚口宽：脚口围/2 + 2 + 褶量 = 17.5 cm
前裆宽：臀围/20 - 1 = 3.65 cm
后裆宽：臀围/10 - 1 = 8.35 cm

2. 制图步骤

如图 4-3-4 所示。

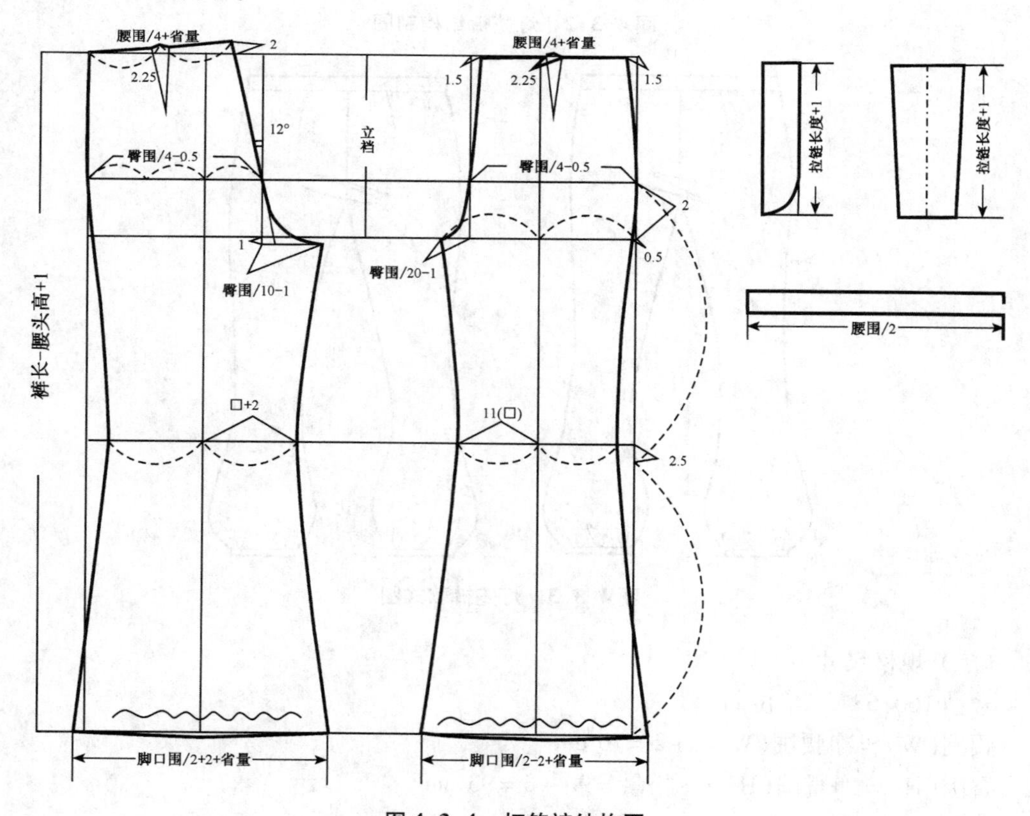


图 4-3-4 灯笼裤结构图

a. 以裤的基础纸样做基样。
b. 膝围改宽。
c. 脚口改宽,数据视款式效果而定。
d. 臀围线:裆深线上 8 cm。

## 三、罗马裤

### (一) 款式图及款式特征

罗马裤为了进一步夸大臀部,在大腿处做了二次剪切展开,增加更多的褶量,形成夸张的造型。

款式图如图 4-3-5 所示。

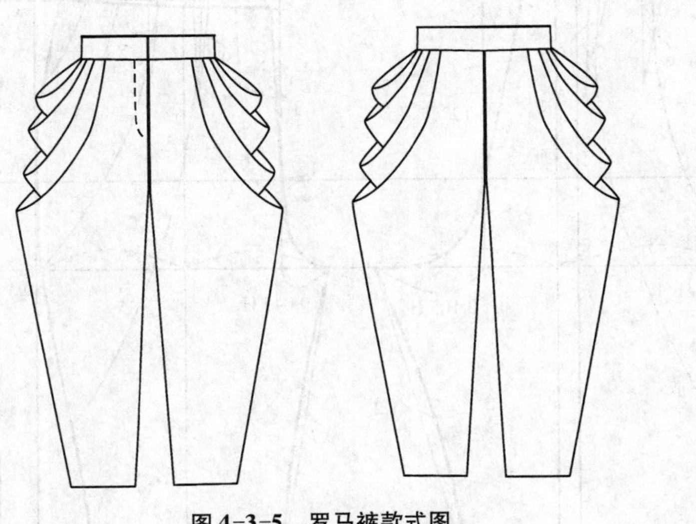

图 4-3-5 罗马裤款式图

### (二) 规格尺寸

号型 160/68A 单位 cm

腰围(W) = 净腰围($W^*$) + 2 cm = 70 cm

臀围(H) = 净臀围($H^*$) + 内裤厚度 + >18 cm = 118 cm

上裆长 = 股上长 + 裆底松量 + 腰宽 = 25 cm + 2 cm + 3 cm = 30 cm

裤长(L) = 90 cm

脚口宽(SB) <0.2H - 3 cm≈18 cm

总裆宽 = 0.15H(前裆宽 = 0.045H,后裆宽 = 0.105H)

后上裆倾斜角 = 12°

### (三) 结构设计

如图 4-3-6、图 4-3-7 所示。

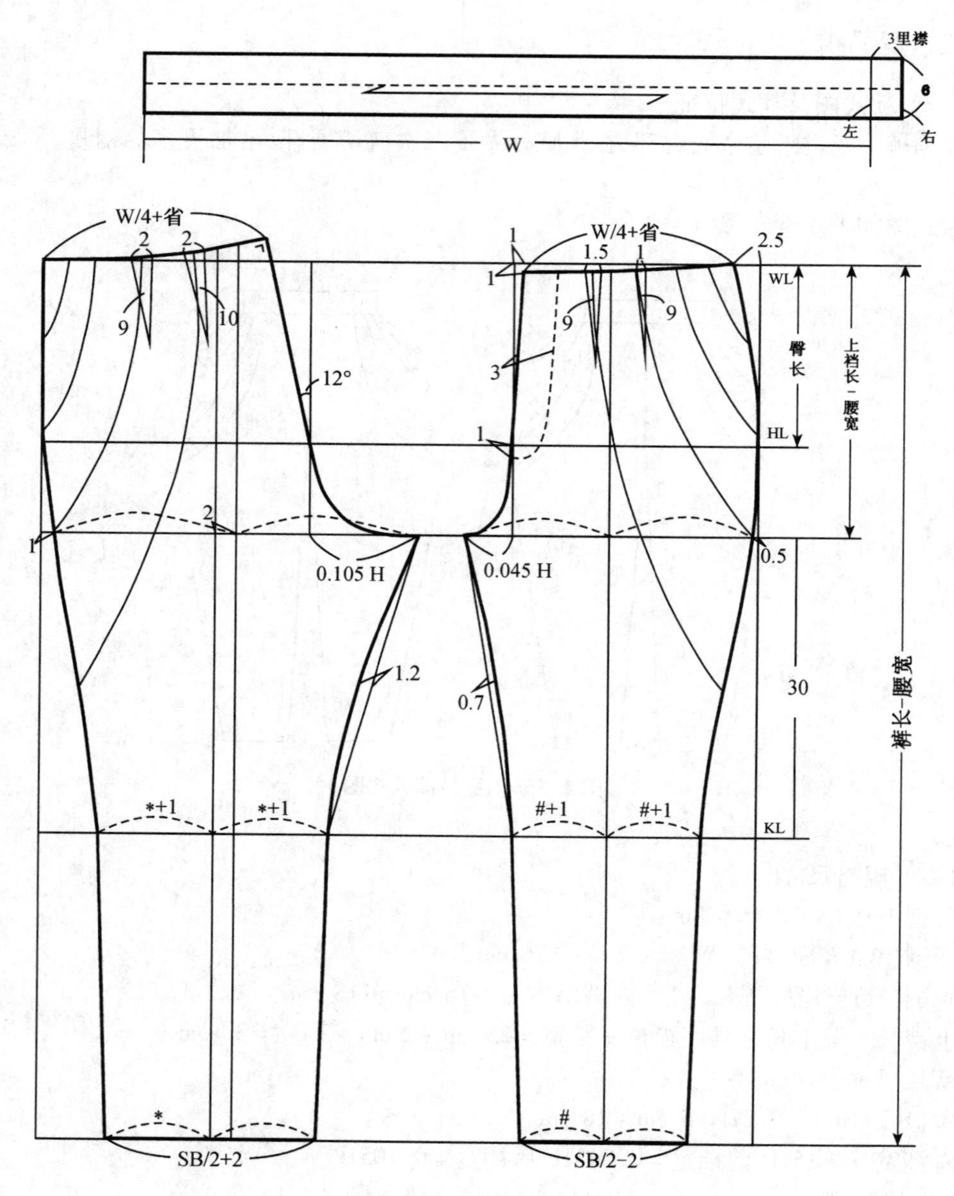
3里襟
6
左
右
W
W/4+省
2
2
9
10
12°
1
1.5
1
1
2.5
9
9
3
1
WL
臀长
上裆长-腰宽
HL
2
1
0.105 H
0.045 H
0.5
1.2
0.7
30
裤长-腰宽
*+1
*+1
#+1
#+1
KL
*
#
SB/2+2
SB/2-2

图 4-3-6 罗马裤结构图

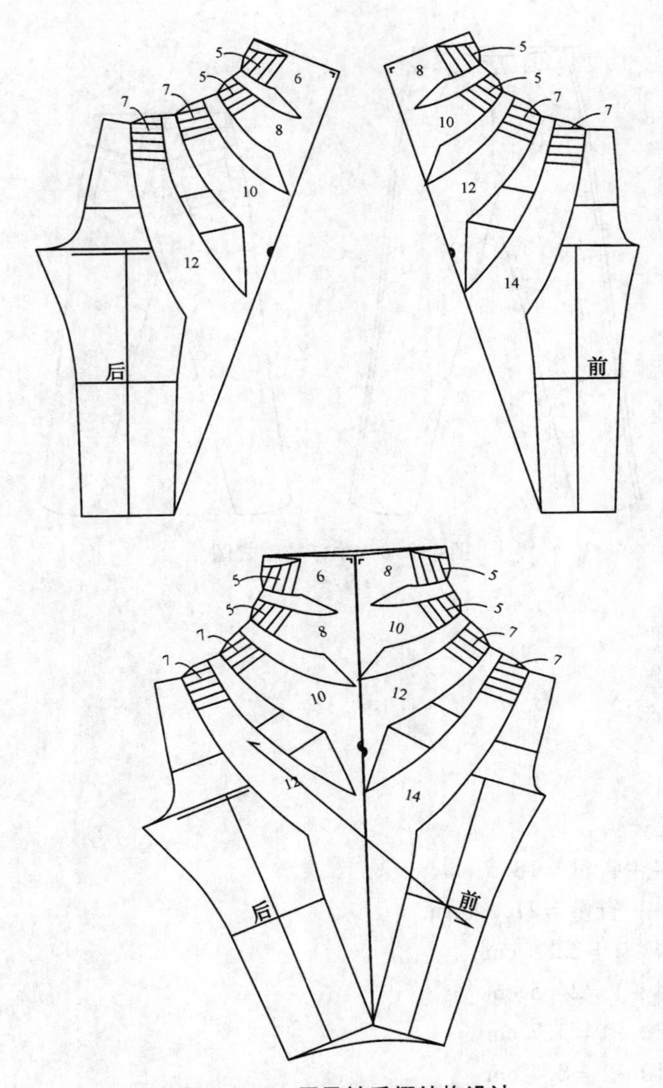


图 4-3-7　罗马裤垂褶结构设计

## 四、牛仔裤

### (一) 款式图及款式特征

中低腰、修腿小脚牛仔裤,前片有插袋,后片有育克和贴袋。

款式图如图 4-3-8 所示。

### (二) 规格尺寸

号型 160/68A　单位 cm

腰围(W) = 净腰围($W^*$) + 2 = 70 cm

臀围(H) = 净臀围($H^*$) + 松量 = 90 + 4 = 94 cm

裤长(L) = 98 cm

图 4-3-8　牛仔裤款式图

立裆长 = 24 cm
脚口围 = 26 cm
后上裆倾斜角 = 12°

### （三）结构设计

1. 制图公式及数据

前腰围：腰围/4 + 省量 = 18.5 cm
后腰围：腰围/4 + 省量 = 21.54 cm
前臀围：臀围/4 - 1 = 22.5 cm
后臀围：臀围/4 + 1 = 24.5 cm
前裆宽：臀围/20 - 1 = 3.7 cm
后裆宽：臀围/10 - 1 = 8.4 cm
前脚口宽：脚口围/2 - 2 = 11 cm
后脚口宽：脚口围/2 + 2 = 15 cm
裤长：总裤长 - 4 + 1 = 95

2. 制图步骤

如图 4-3-9 所示。

a. 以裤的基础纸样作为基样。
b. 膝宽数据视款式效果而定。
c. 脚口数据视款式效果而定。
d. 后袋宽：后片省尖点左右各出 2 cm。
e. 飞机头（育克）：将省量合并，然后画圆顺轮廓。

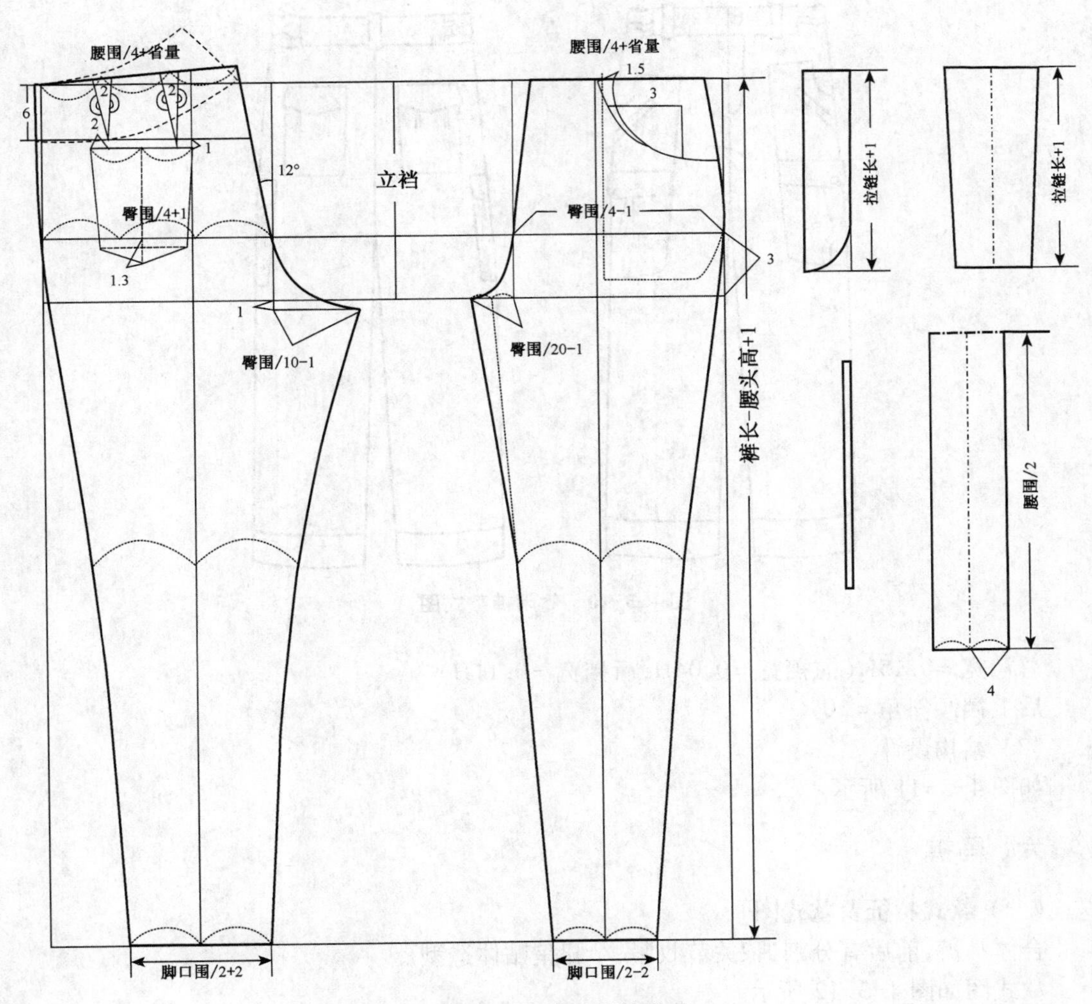


图 4-3-9 牛仔裤结构图

## 五、休闲裤

### (一) 款式特征及款式图

中高腰、较宽松款休闲裤,前片、后片、侧片分别有两个贴袋,腰部装橡筋,脚口折边。款式图如图 4-3-10 所示。

### (二) 规格尺寸

号型 160/68A 单位 cm

腰围(W) = 净腰围(W*) + 2 cm = 70 cm

臀围(H) = 净臀围(H*) + 内裤厚度 + (12 ~ 18) cm ≈ 108 cm

上裆长 = 股上长 + 裆底松量 + 腰宽 = 25 cm + 1 cm + 3 cm = 29 cm

裤长(L) = 101 cm

脚口围(SB) = 0.2H + 6 cm ≈ 28 cm

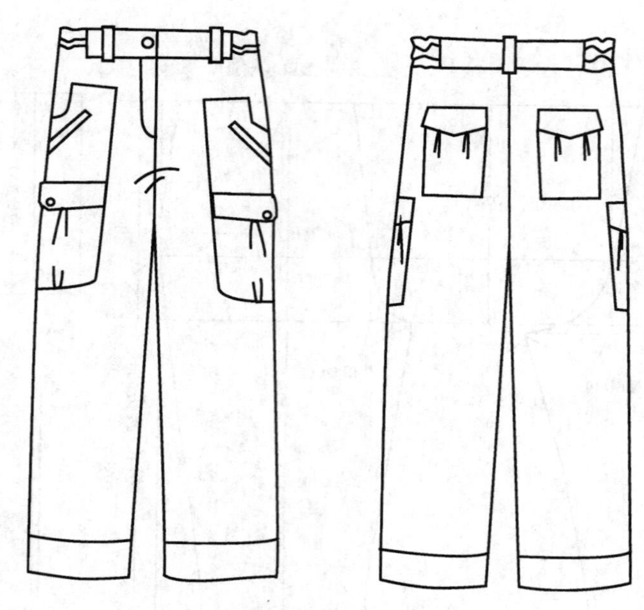

图 4-3-10 休闲裤款式图

总裆宽 = 0.15H(前裆宽 = 0.04H,后裆宽 = 0.11H)

后上裆倾斜角 = 10°

(3) 结构设计

如图 4-3-11 所示。

## 六、马裤

### (一) 款式特征及款式图

合体马裤,前后有分割,膝关节收紧,小腿呈贴体造型。

款式图如图 4-3-12 所示。

### (二) 规格尺寸

1. 规格设计

号型 160/68A 单位 cm

腰围(W) = 净腰围(W*) + 2 cm = 70 cm

臀围(H) = 净臀围(H*) + 内裤厚度 + (12 ~ 18) cm ≈ 106 cm

上裆长 = 股上长 + 裆底松量 + 腰宽 = 25 cm + 1 cm + 5 cm = 31 cm

裤长(L) = 94 cm

脚口宽(SB) < 0.2H - 3 cm ≈ 17 cm

总裆宽 = 0.16H(前裆宽 = 0.045H,后裆宽 = 0.115H)

后上裆倾斜角 = 15°

### (三) 结构设计

如图 4-3-13 所示。

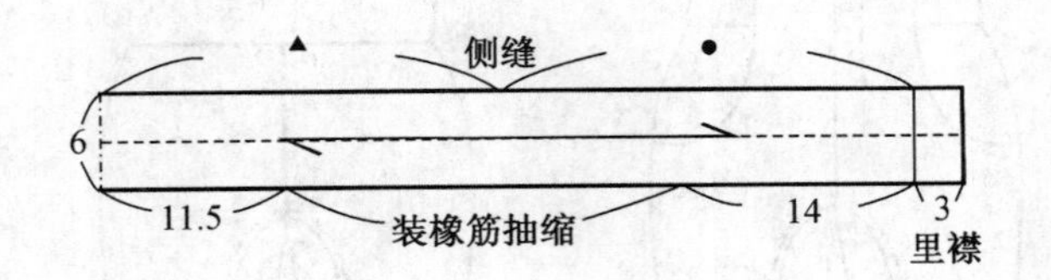


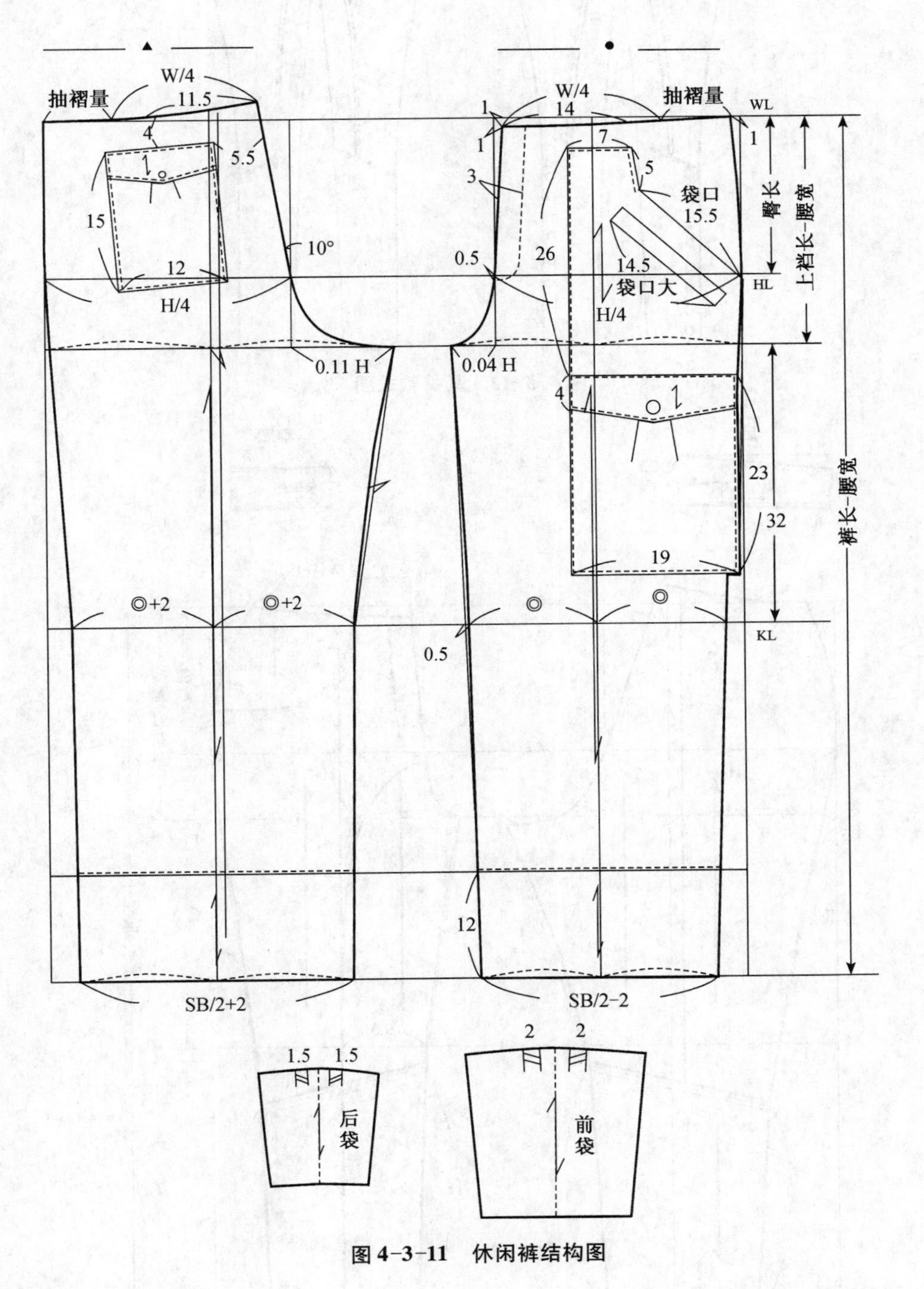


图 4-3-11　休闲裤结构图

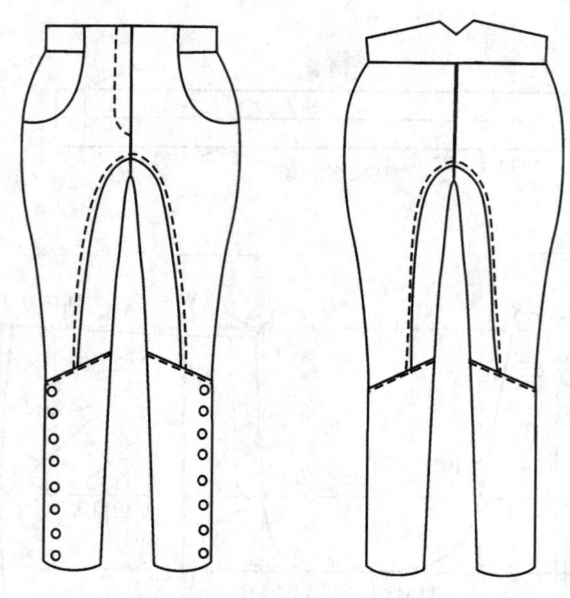

图 4-3-12 马裤款式图

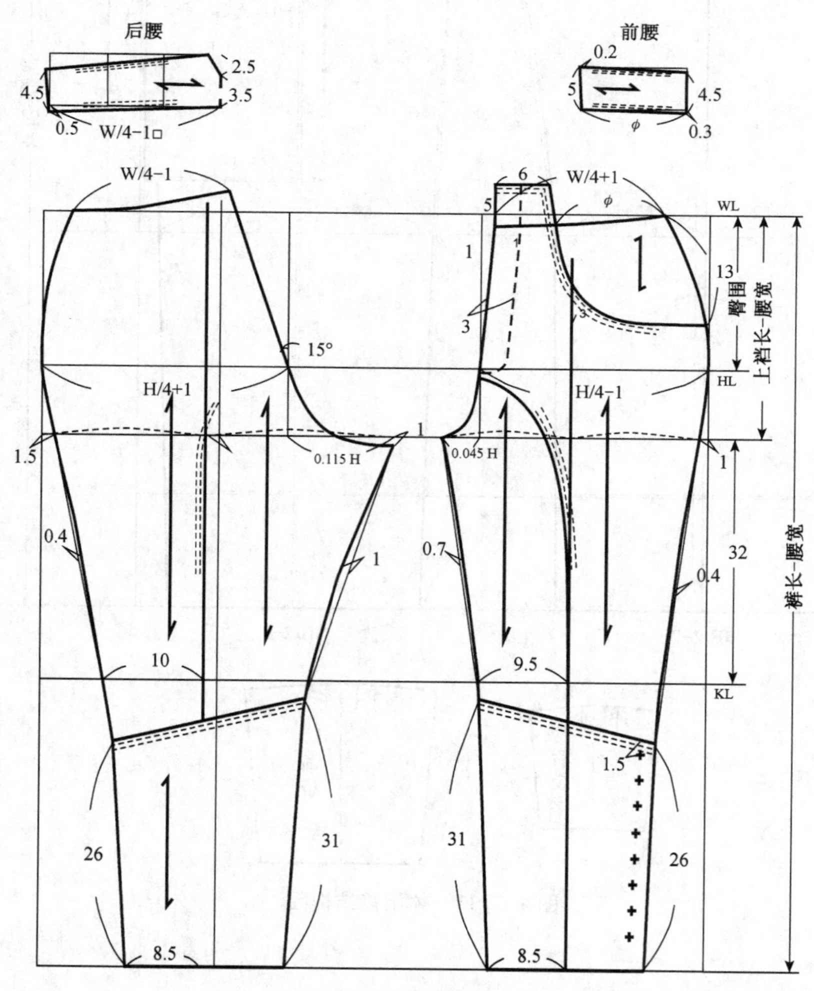


图 4-3-13 马裤结构设计

## 七、连腰裤

### (一) 款式图及款式特征

臀部与腰部比较贴体,连腰,腰线高于人体的腰围线。

款式图如图 4-3-14 所示。

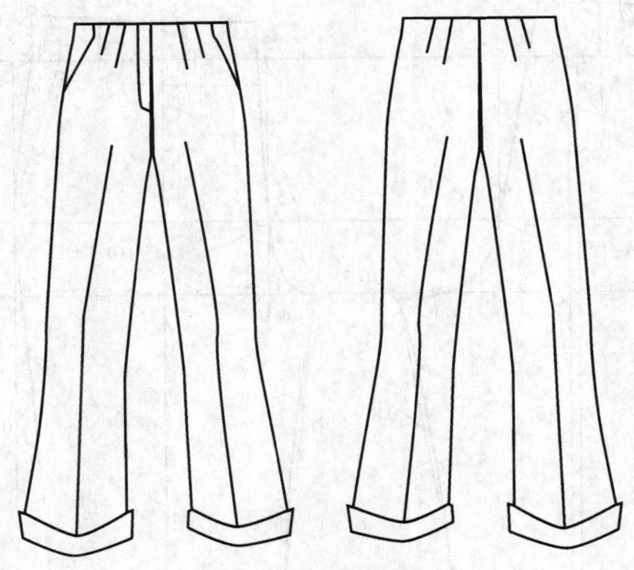

图 4-3-14 连腰裤款式图

### (二) 规格尺寸

号型 160/68A 单位 cm

腰围(W) = 净腰围($W^*$) + 4 cm = 74 cm (人体自然腰围线处)

臀围(H) = 净臀围($H^*$) + 内裤厚度 + (12 ~ 18) cm ≈ 104 cm

上裆长 = 股上长 + 裆底松量 + 连腰宽 = 25 cm + 1 cm + 5 cm = 31 cm

裤长(L) = 98 cm

脚口宽(SB) = 0.2H + 6 cm ≈ 27 cm

总裆宽 = 0.15H(前裆宽 = 0.04H,后裆宽 = 0.11H)

后上裆倾斜角 = 10°

### (三) 结构设计

如图 4-3-15 所示。

## 八、短裤(款式一)

### (一) 款式图及款式特征

低腰短裤,臀部与腰部比较贴体,臀围有腰线,低于人体的腰围线,裤子长度在大腿处,休闲凉爽。

款式图如图 4-3-16 所示。

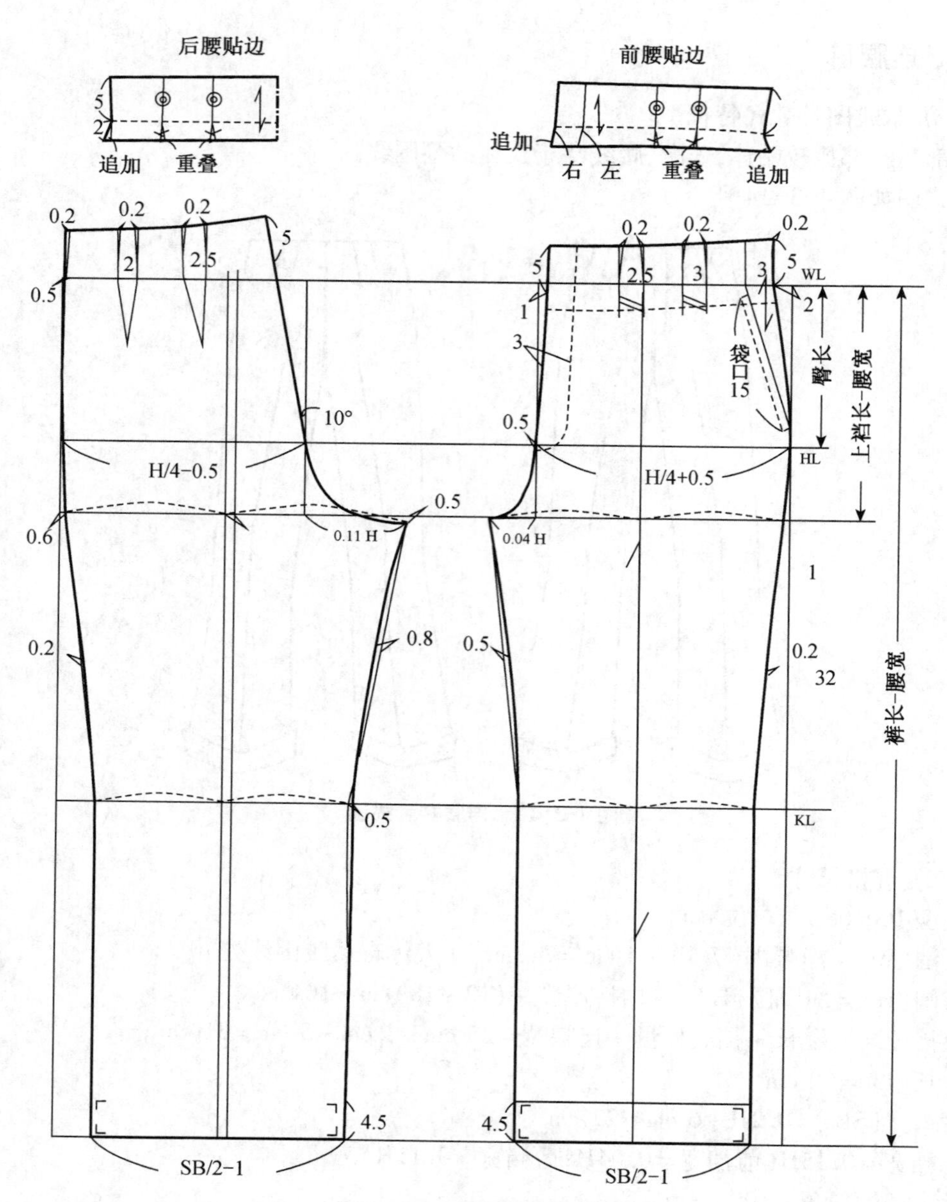


图 4-3-15　连腰裤结构图

图 4-3-16　短裤(款式一)款式图

## （二）规格尺寸

号型 160/68A　单位 cm

腰围(W) = 净腰围($W^*$) + 6 = 74 cm

臀围(H) = 净臀围($H^*$) + 松量 = 90 + 4 = 94 cm

裤长(L) = 30 cm

立裆长 = 20 cm

腰头宽 = 3 cm

脚口围 = 55 cm

## （三）结构设计

1. 制图公式及数据

前腰围:腰围/4 + 省量 = 20.13 cm

后腰围:腰围/4 + 省量 = 20.13 cm

裤长:总裤长 − 腰头 + 1 = 28 cm

前臀围:臀围/4 − 0.5 = 23 cm

后臀围:臀围/4 + 0.5 = 24 cm

前裆宽:臀围/20 − 1 = 3.7 cm

后裆宽:臀围/10 − 1 = 8.4 cm

前脚口宽:脚口围/2 − 2 = 23 cm

后脚口宽:脚口围/2 + 2 = 27 cm

2. 制图步骤

如图 4-3-17 ~ 图 4-3-19 所示。

a. 上平线(基本线):与布边垂直,以纬向作横线。

b. 下平线(裤长):由上平线往下量,作横线。

c. 侧缝直线:相交于上平线和下平线,作竖线。

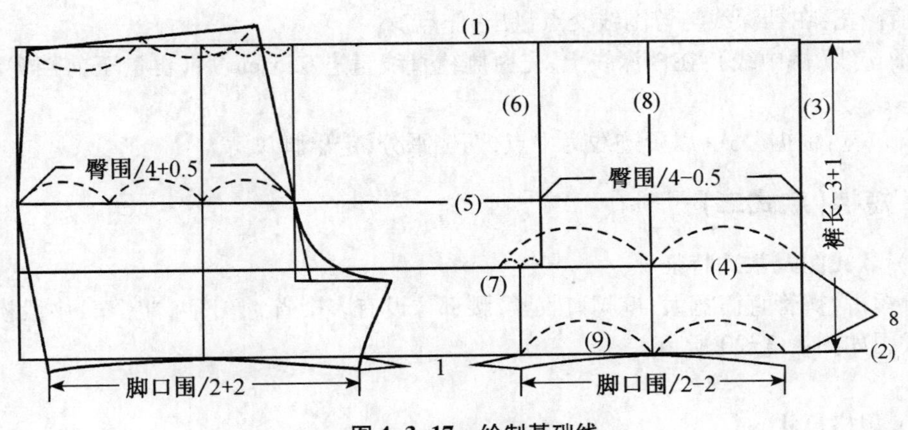


图 4-3-17　绘制基础线

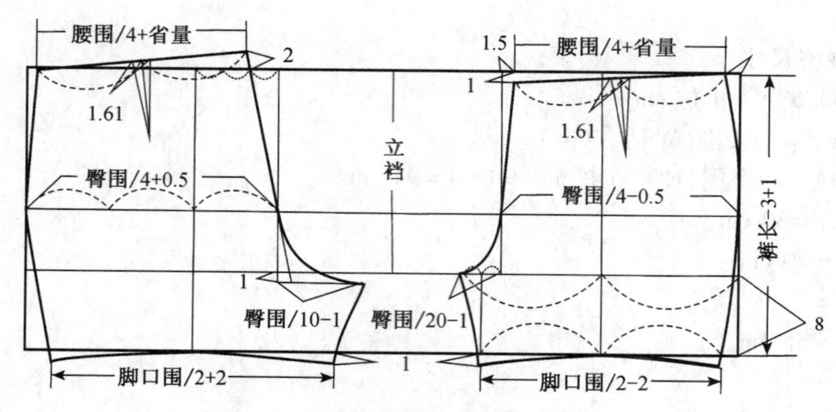


图 4-3-18　绘制结构线

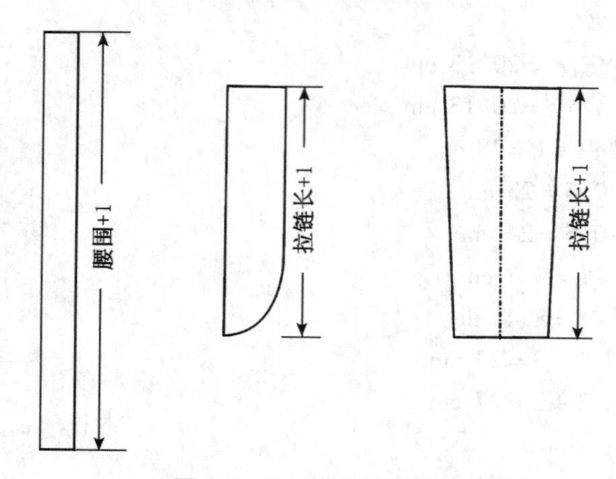


图 4-3-19　零部件结构图

d. 裆深线：由上平线往下量立裆长度，作竖线。

e. 臀围线：由裆深线往上量 8 cm，作横线。

f. 臀围宽线：臀围线上，由侧缝直线量进，作竖线。

g. 前裆宽：在裆深线与臀围线交点量出，作点。

h. 烫迹线（裤中线）：在裆深线上，先由侧缝直线量进 0.5 cm 后，再量至前裆宽点两等分，作竖线。

i. 脚口宽：根据公式，以烫迹线为中点，两侧平分，定出脚口宽。

## 九、短裤（款式二）

### （一）款式图及款式特征

中腰短裤，裤管直筒宽大，裤脚口收紧，腰部位设有多个省，上下两端紧窄，中段松肥。款式图如图 4-3-20 所示。

### （二）规格尺寸

号型 160/68A　单位 cm

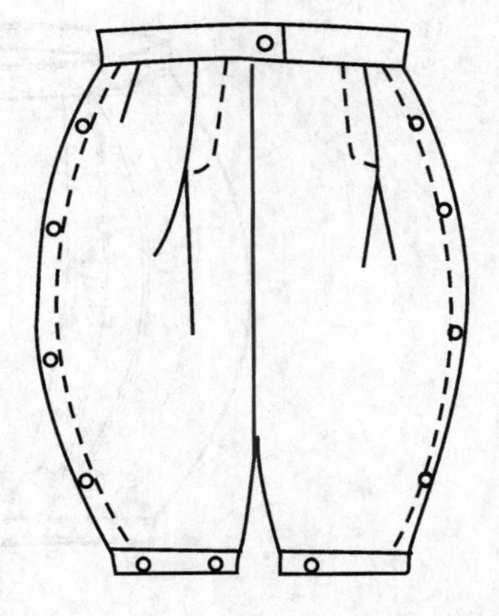
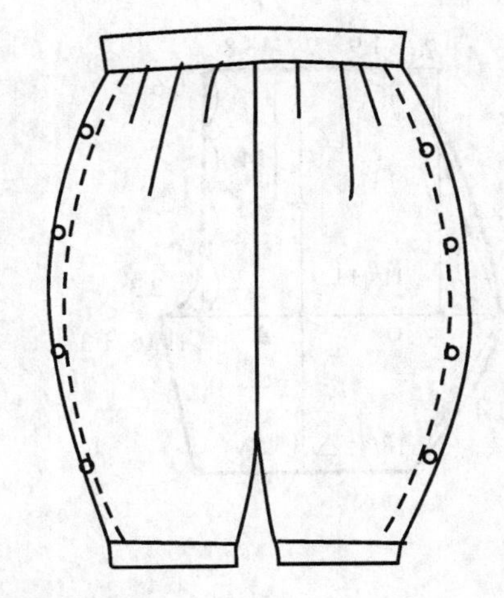

图 4-3-20　短裤(款式二)款式图

腰围(W)=66 cm

臀围(H)=91 cm

裤长(L)=43 cm

立裆长=27 cm

腰头宽=3 cm

脚口围=48 cm

## (三) 结构设计

1. 制图公式及数据

前腰围:腰围/4+3.8=20.3 cm

后腰围:腰围/4+7.6=24.1 cm

前裤口宽:18/4=△=11.4 cm

后裤口宽:△+0.6=12 cm

前臀围:臀围/4+1.9=24.7 cm

后臀围:ϕ+3.8+▲+H/8-2.54=43.8 cm

2. 制图步骤

如图 4-3-21 所示。

a. 根据公式和尺寸规格绘制基础线。

b. 根据公式可求出臀围宽,作 1/2 臀围宽的垂线从而确定脚口宽。

c. 前片的外侧缝线:在臀围宽的基础上向左水平延长 6.4 cm,腰围宽点、臀围宽点与脚口宽点连线画圆顺。

d. 腰围宽:根据公式求出其长度,起翘量为 0.7 cm。

e. 前裆弧线:在腰围线进 0.64 cm,1/4 的立裆长位置与臀围宽点连线。

f. 后裆弧线:臀围线下降 0.7 cm,与腰围线连接点延长 2.1 cm 处连线适当调整弧度。

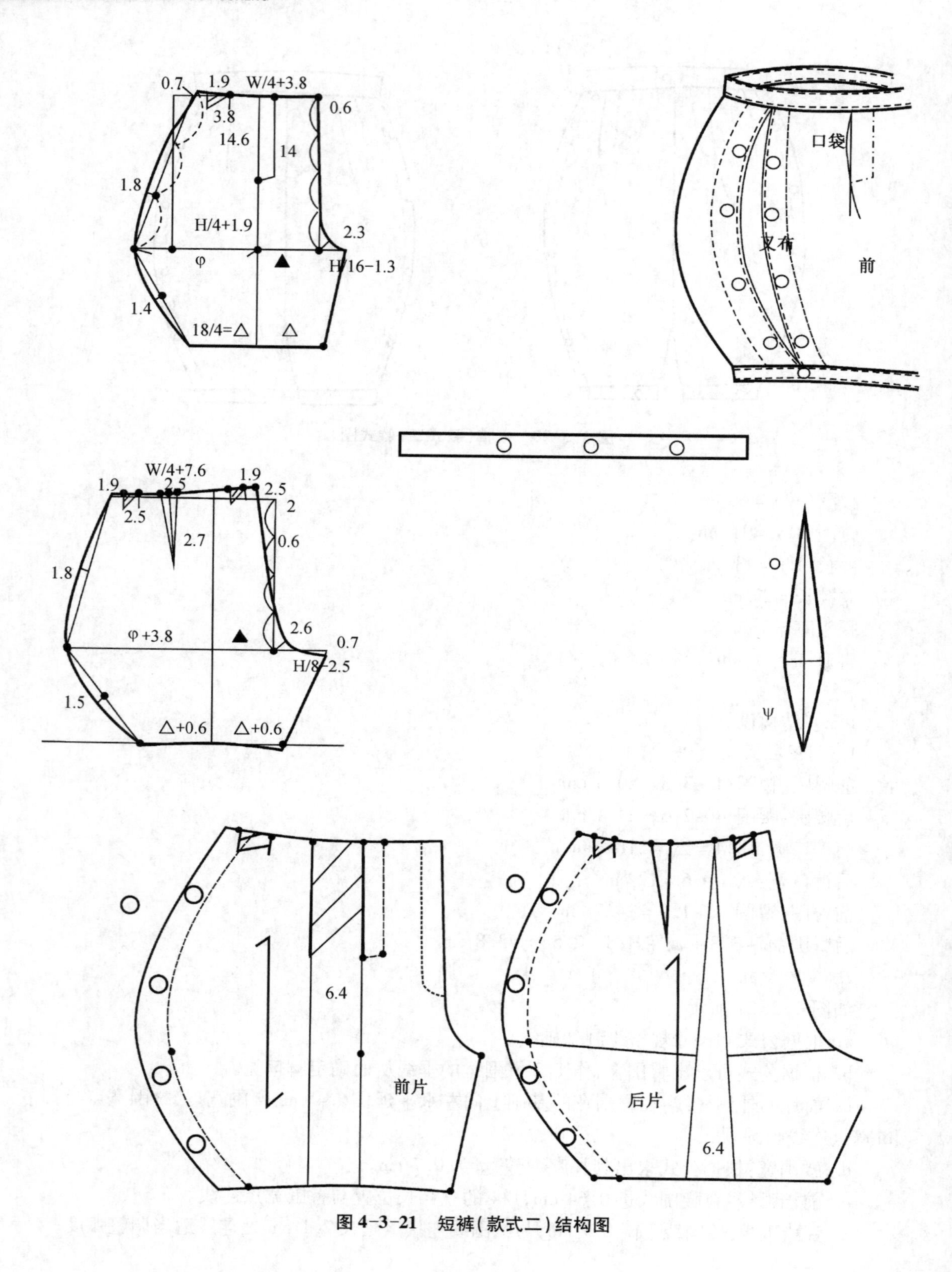


图 4-3-21 短裤(款式二)结构图

## 十、短裤(款式三)

### (一) 款式图及款式特征

无侧缝,腰部抽褶,后片有贴袋。

款式图如图 4-3-22 所示。

图 4-3-22　短裤(款式三)款式图

### (二) 规格尺寸

号型 160/68A　单位 cm

腰围(W)=66 cm

臀围(H)=91 cm

裤长(L)=55 cm

立裆长=33 cm

### (三) 结构设计

1. 制图公式及数据

后腰围:腰围+25.4/4=22.8 cm

总臀围:臀围/2+33=78.5 cm

前裆宽:臀围/16-0.6=5.1 cm

2. 制图步骤

如图 4-3-23 所示。

a. 根据要求绘制基础线,前后片不分开。

b. 确定抽细褶的量与位置。

c. 前裆弧线:腰围线进 1.9 cm,1/3 立裆长位置与臀围宽点连线。

d. 后裆弧线:腰围线上起翘量为 2.2 cm,保证腰围线与后裆弧线成直角。

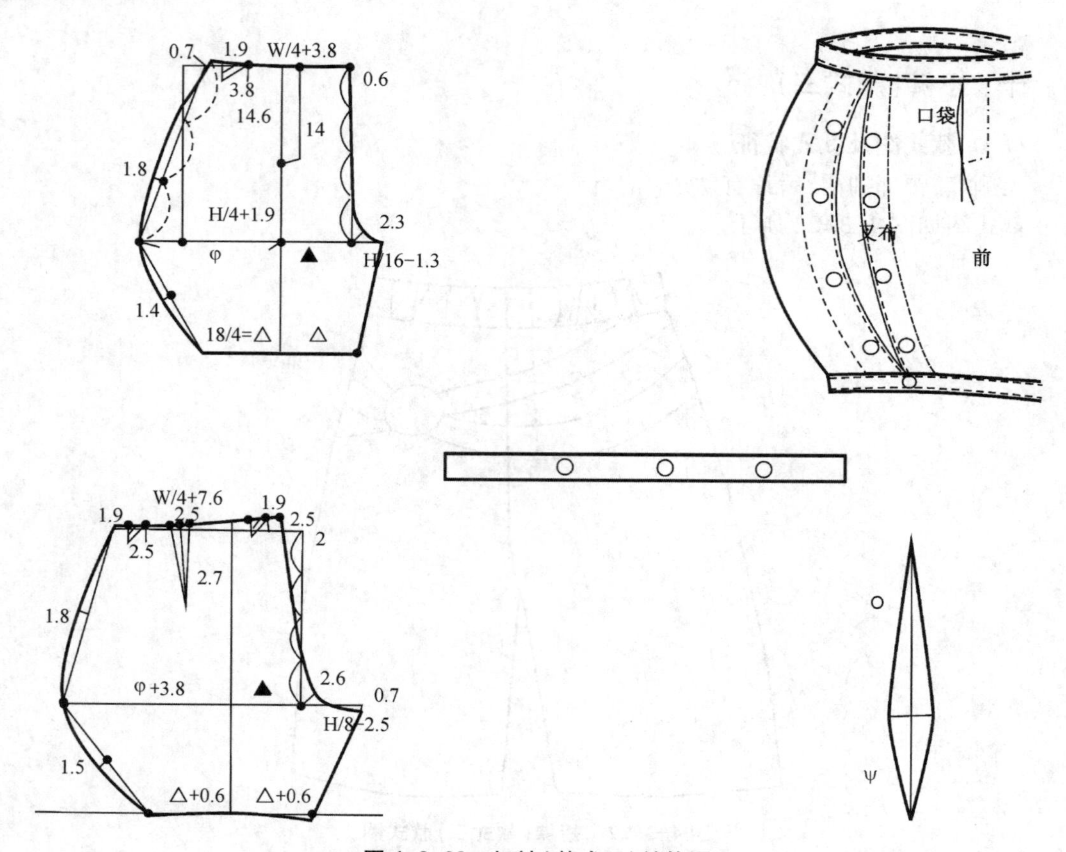


图 4-3-23 短裤(款式三)结构图

e. 外侧缝线延长 2.5 cm 绘制脚口宽。

## 十一、裙裤(款式一)

### (一) 款式图及款式特征

这是一款迷你裙裤,前片有对褶,微 A 字型,俏皮可爱,后片有省,亦可作对褶。款式图如图 4-3-24 所示。

图 4-3-24 裙裤(款式一)款式图

### (二) 规格尺寸

号型 160/68A 单位 cm

腰围(W)＝净腰围(W*)＝68 cm

臀围(H)＝净臀围(H*)＋松量＝90＋4＝94 cm

裤长(L)＝37 cm

立裆长＝30 cm

腰头宽＝3 cm

后上裆倾斜角＝10°

## (三)结构设计

1. 制图公式及数据

前腰围：腰围/4＋省量＝20.06 cm

后腰围：腰围/4＋省量＝20.06 cm

裤长：总裤长－腰头＋1＝35 cm

前臀围：臀围/4－0.5＝23 cm

后臀围：臀围/4＋0.5＝24 cm

前裆宽：臀围/20－1＝3.7 cm

后裆宽：臀围/10－1＝8.4 cm

2. 制图步骤

如图4-3-25所示。

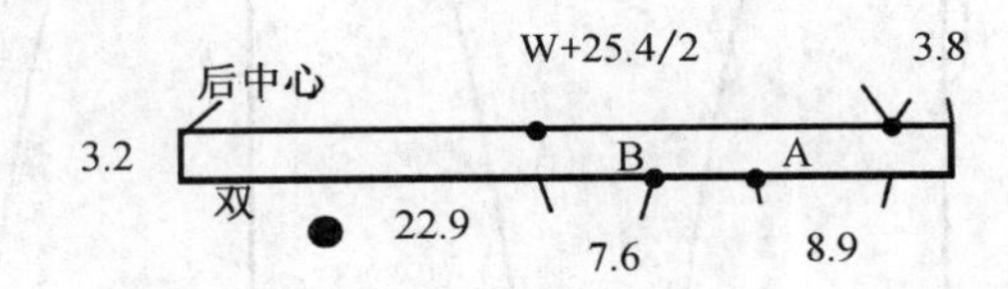


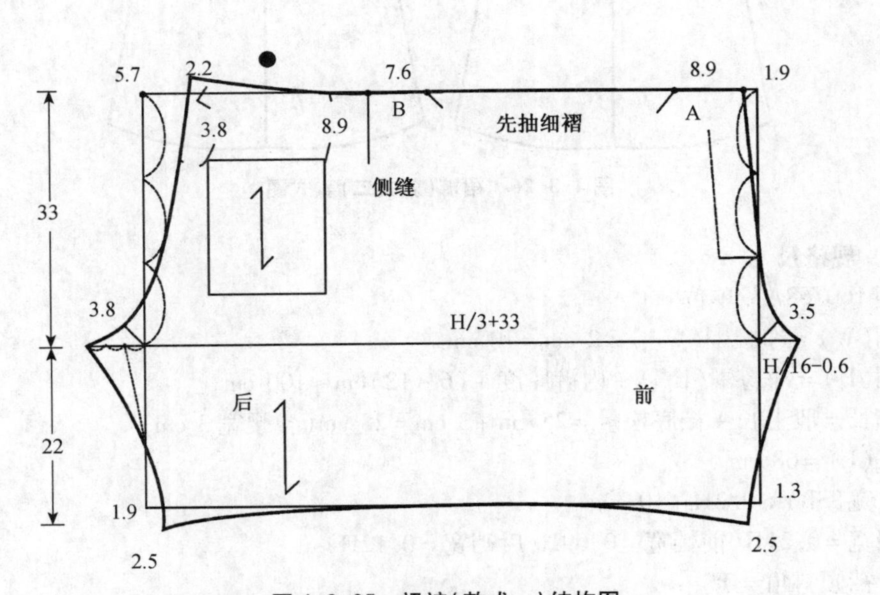


图4-3-25　裙裤(款式一)结构图

a. 上平线(基本线):与布边垂直,以纬向作横线。

b. 下平线(裤长):由上平线往下量,作横线。

c. 侧缝直线:相交于上平线和下平线,作竖线。

d. 裆深线:由上平线往下量立裆长度,作竖线。

e. 臀围线:由裆深线往上量 8 cm,作横线。

f. 臀围宽线:臀围线上,由侧缝直线量进,作竖线。

g. 前裆宽:在裆深线上,由臀宽线量出,作点。

h. 烫迹线(裤中线):在裆深线上,先由侧缝直线量进 0.5 cm 后,再量至前裆宽点两等份,作竖线。

i. 脚口宽:根据公式,以烫迹线为中点,两侧平分,定出脚口宽。

g. 前片省道扩展,褶量视款式效果来定。

## 十二、裙裤(款式二)

### (一) 款式图及款式特征

基础款裙裤,每片各做一个省。

款式图如图 4-3-26 所示。

图 4-3-26 裙裤(款式二)款式图

### (二) 规格尺寸

号型 160/68A 单位 cm

腰围(W) = 净腰围($W^*$) + 2 cm = 70 cm

臀围(H) = 净臀围($H^*$) + 内裤厚度 + (6 ~ 12)cm ≈ 100 cm

上裆长 = 股上长 + 裆底松量 = 25 cm + 3 cm = 28 cm(含腰宽 3 cm)

裤长(L) = 68 cm

脚口宽(SB) > 0.2H + 10 cm

总裆宽 = 0.21H(前裆宽 = 0.09H,后裆宽 = 0.12H)

后上裆倾斜角 = 0°

## (三)结构设计

1. 制图公式及数据

前腰围:腰围/4 -0.5 +省量

后腰围:腰围/4 +0.5 +省量

裤长:总裤长 -腰头 +1

前臀围:臀围/4 +0.5

后臀围:臀围/4 -0.5

前裆宽:0.09 臀围

后裆宽:0.12 臀围

2. 制图步骤

如图 4-3-27 所示。

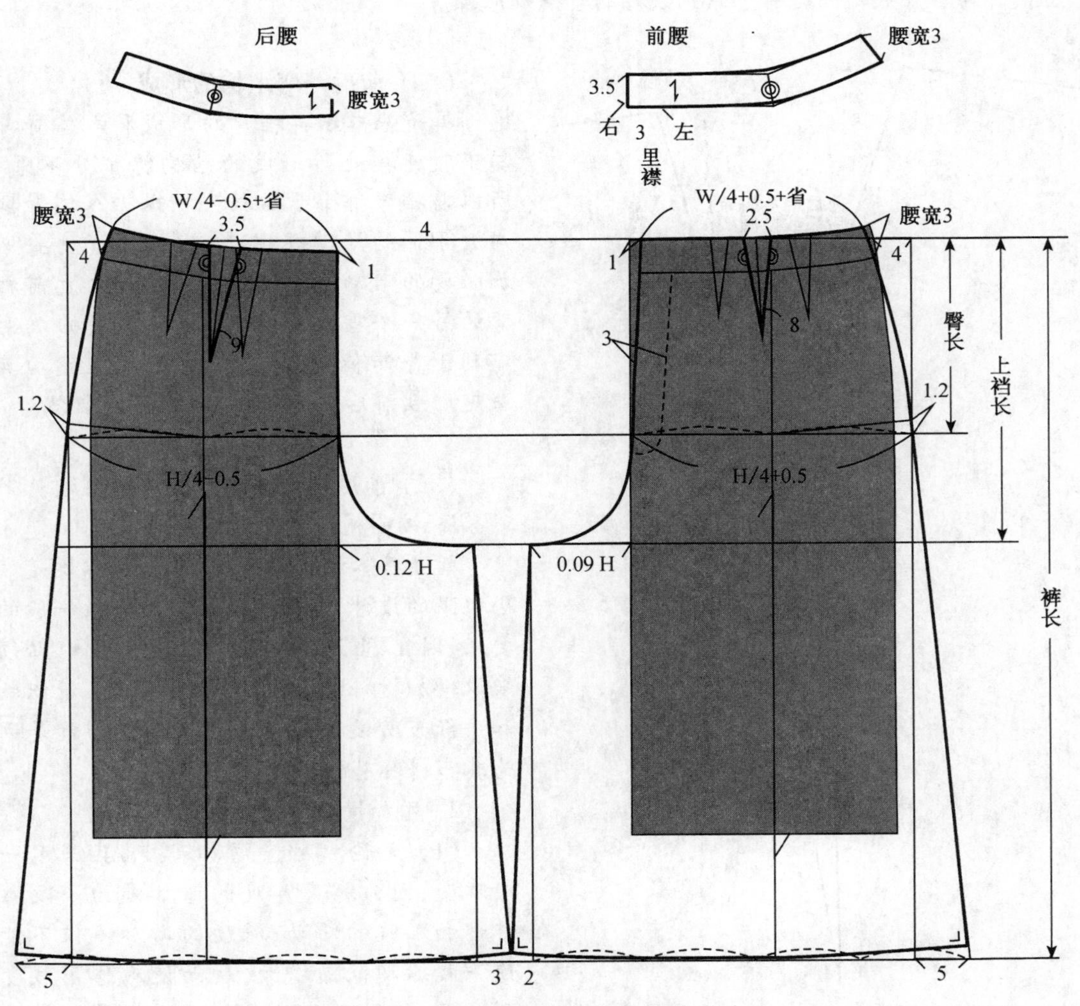


图 4-3-27 裙裤(款式二)结构图

a. 以裙原型为基型。

b. 后上裆倾斜角0°。

c. 将两个腰省合为一个腰省。

## 项目小结

### 一、人体下肢与裤子纸样的对应关系

#### （一）人体下肢体表功能设定

臀腰间的距离为贴合区，贴合的形式是由裤子的腰省、腰褶裥形成密切的贴合区；臀沟与臀底间的距离为作用区，作用的意义在于它属于运动功能的中心部位；臀底与大腿根部间的距离为自由区，它是针对下肢运动对臀底剧烈偏移调整用的空间，同时也是裤子裆部结构自由造型的空间；下肢为裤管造型自由设计区。因此，从以上功能分析可以看出，腰臀之间、臀沟与臀底之间是裤子结构设计的重点及难点。

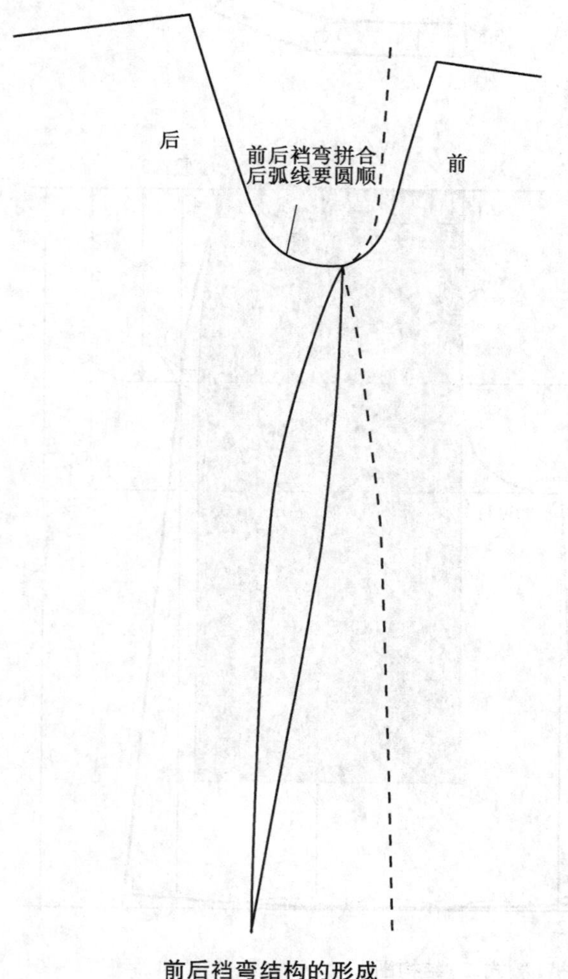

前后裆弯结构的形成

#### （二）前后裆弯结构的形成

裤子基本纸样裆弯的形成和人体臀部与下肢连接处所形成的结构特征分不开，所以前裆弯都小于后裆弯。根据人体臀部屈大于伸的活动规律看，后裆的宽度要增加必要的活动量，这是后裆弯要大于前裆弯的另一个重要的原因，裆弯宽度的改变有利于臀部和大腿的运动，但不宜变动其深度。且前后裆弯拼合后要圆顺、自然。

#### （三）前后裆弯结构设计注意事项

1. 缩小横裆量时要注意的问题

裤子基本纸样裆弯的设计，可以说是最小极限的设计，是满足合体和运动最一般的要求，因此，当适当缩小前裆宽的时候，必须采取增加材料的弹性，以取得平衡（针织物和牛仔布所设计的裤子其横裆变小就是因为其布料具有弹性）。

2. 增加横裆量时要注意的问题

（1）无论横裆量增加多少，其深度一般不变，因为裆弯宽度的增加是为了改善臀部和下肢的活动，深度的增加不仅不能使下肢活动范围增大，反而使人体下肢受到局限，其原理和袖子与袖窿的关系是一样的。

（2）无论横裆量增加多少，都应保持前裆宽和后裆宽的比例关系。

(3) 增减横裆量的同时,也要相应的增加臀部的放松量,使得造型比例趋于平衡的状态。

## 二、后片起翘、后中心线斜度与后裆弯的关系

裤子基本纸样中的后翘量、后中心线斜度和后裆弯的比例关系被看成标准的设计。标准裤子基本纸样是按照合理的比例设定的,当应用标准纸样时,必须要根据造型的要求和人体对象的不同作出选择和修正,而这种选择和修正不是随意的,是在裤子内在结构的依据上进行的。

后裤片后翘量的形成其实是为了使后中心线与后裆弯的总长增加,以满足臀部前屈时,裤子后身用量增加设计的。中心线的斜度取决于臀大肌的造型。它们的关系是成正比的,即臀大肌的挺度越大,其结构中的后中心线斜度越明显(后中心线与腰线夹角不变),起翘越大,后裆弯自然加宽。因此,无论后翘、后中心线斜度和后裆弯如何变化,最终影响它们的是臀凸,确切地说就是后中心线斜度的大小意味着臀大肌挺起的程度。其斜度越大,裆弯的宽度也随之增大,同时臀底前屈活动所造成后身的用量就多,后翘也就越大。斜度越小各项用量就自然缩小。由此可见,无论是后翘、后中心线斜度还是后裆弯宽,其中任何一个部位发生变化,其他部位都应随之改变。

如果当横裆增大到一定的量的时候,后中心线斜度和后翘的意义就不存在了。在裙裤结构中,后中心线呈直线、无后翘,就是这种结构关系的反映。裤子结构中没有横裆,这种牵制作用就完全消失了,裙腰线就可以按照人体的实际腰线特征设定,因此裙后腰线不仅无需起翘,还要适当下降。

## 三、落裆量的设置

在裤子结构设计中,后裤片横裆线比前裤片横裆线下落0.5~1.5 cm为落裆量,是符合人体臀底造型和运动功能性的。其主要是由前后裆宽的差量、裤长以及前后内缝曲率的不同而形成,是为了在加工过程中使得内缝长相等或近似,便于工艺的顺利进行。

设置后裤片落裆量需要注意:前、后下裆缝线的曲率不同,前、后裆宽线的差值大小,裤口的造型,也就是说裤子的长度,款式造型决定落裆量的大小。

## 四、烫迹线的合理设置

烫迹线的设定在裤子结构设计中也是关键部位之一,其直接影响裤筒的偏向及其与上裆的关系,也是判断裤子造型及产品质量的重要依据。通常裤子烫迹线设定有以下几种形式:

(1) 前后烫迹线处于前后横裆宽的中心位置。此结构的裤子在制作时一般不需要归拔工艺处理,前后身烫迹线呈直线形态,常见于宽松裤结构中。

(2) 前烫迹线处于前横裆宽的中心位置,后烫迹线处于后裆宽的中心向侧缝偏移0~2 cm,在面料拉伸性能好、能进行归拔工艺的情况下,允许后烫迹线处于后裆宽的中点向侧缝方向偏移0~2 cm,通过归拔工艺使后烫迹线呈上凸下凹的合体型,凸状对应人体臀部,凹状对应人体大腿部,偏移量越大,后烫迹线贴体程度越高,常见于合体裤。

(3) 前后烫迹线分别进行一定量的偏移处理,由于女下肢特征的缘故,则女紧身裤的

结构往往松量较少，腰、腹、臀及大腿部都呈贴体状，应选择可变形、可塑性的面料，且考虑人体大腿内侧肌肉发达，下肢的横向伸展率和前屈运动，为使得紧身裤穿着平服，调整前烫迹线前裆宽中点向侧缝方向偏移0～1 cm，后烫迹线处于后裆宽中点向侧缝偏移0～1 cm，常见于贴体紧身裤中。

## 五、腰臀差的解决方案

### （一）腰围、臀围放松量的确定

臀围的放松量是根据裤子的外形而定的。通常情况下，合体形的裤子为8～10 cm，宽松形的裤子为14～20 cm，甚至更多；而紧身形的裤子为2～4 cm，弹性面料的紧身裤甚至不加放松量。腰围可以不加放松量，若是秋冬季裤子，裤腰里需塞入内衣，则可放1～2 cm的放松量。

### （二）前后裤片腰部省量的确定

通常情况下，人体的腰围要比臀围小。为了使裤子达到合体效果，利用腰部收省、收褶裥等形式来体现。但在确定前、后裤片腰部省量时要遵循一个共同原则，即前身设定省量要小于后身。为了使得臀部外观造型丰满美观，要将过于集中的省量进行平衡分配，也就形成了在基本前后裤片中，为什么后片设定两个省量，前片设定一个省量，原因就在于此。

### （三）裤装样板中腰臀差的处理

裤装的腰腹部及腰臀部位，是下装视觉的中心点。而腰臀差的结构处理是裤装结构设计的关键部分，它决定了裤装外观款式造型和舒适性。通常在进行结构设计时，裤装臀围与腰围的差数取决于人体的结构以及人体运动、造型等加放量，而腰臀差以前裤身打褶、侧缝省、后裤身省、后中心线倾斜角等形式进行设计。但在实际应用过程中，由于裤装款式的变化，往往是采取将省量转移至分割线内的方式。例如：存在横向分割线（育克）的紧身型牛仔裤，由于牛仔面料厚而不宜做省道处理。

## 项目训练

## 一、思考题

1. 裤装按臀围宽松量可分为哪几种风格？
2. 如何处理裤装上裆运动松量的问题？
3. 裤装前后裆宽与人体腹臀宽的关系？
4. 裙裤的结构特点是什么？
5. 结合项目三，思考裙装结构设计与裤装结构设计有何共同点、不同点？

## 二、实训任务单卡

### 西裤实训任务单

<table>
<tr><td>课程名称</td><td>初级服装<br>结构设计</td><td>项目名称</td><td>西裤结构制图</td><td>实训人员(小组)</td><td></td></tr>
<tr><td>实训学时</td><td>2</td><td>实训对象</td><td>开课班级</td><td>实训地点</td><td>服装结构<br>设计实训室</td></tr>
<tr><td>实训目的</td><td colspan="5">1. 掌握西裤结构制图原理<br>2. 掌握西裤结构制图方法<br>3. 熟记裤装各部位结构线名称</td></tr>
<tr><td>实训内容<br>及要求</td><td colspan="5">实训环境与工具<br>1开牛皮纸、直尺、曲线尺、打版台<br>实训内容与要求<br>1. 按照款式图进行西裤规格设计以及结构制图(1:1) 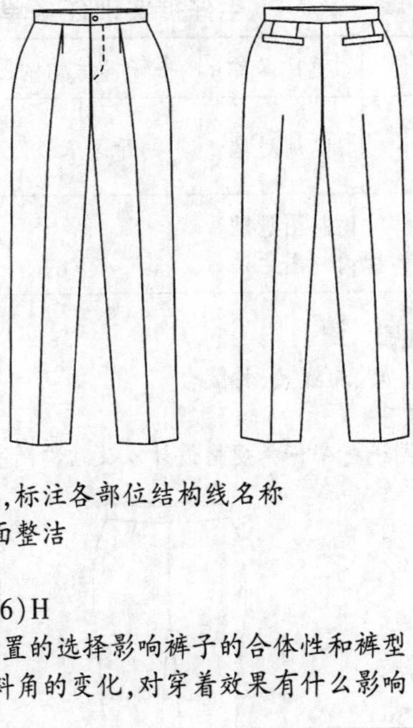<br>2. 标注各部位尺寸及公式,标注各部位结构线名称<br>3. 结构制图线条标准,画面整洁<br>核心提示<br>1. 裤子裆宽 = (0.14 ~ 0.16)H<br>2. 立裆长、裆宽、中裆线位置的选择影响裤子的合体性和裤型<br>3. 思考题:裤子后上裆倾斜角的变化,对穿着效果有什么影响</td></tr>
<tr><td>实施操作</td><td colspan="5">1. 教师布置实训任务及思考问题<br>2. 学生实施操作<br>3. 实训完成后填写实训任务单,并陈述观点或回答问题</td></tr>
<tr><td colspan="6">实训步骤与结果</td></tr>
</table>

（续表）

<table>
<tr><td colspan="4">实训中的问题与结果评价</td></tr>
<tr><td colspan="4">实训体会</td></tr>
<tr><td rowspan="2">教师评价</td><td>优</td><td>良</td><td>及格</td></tr>
<tr><td>完成西裤结构设计，采寸正确、制图符合标准、画面整洁</td><td>完成西裤结构设计，采寸基本正确、制图基本符合标准、画面较整洁</td><td>完成西裤结构设计，采寸一般、制图基本符合标准、画面一般</td></tr>
</table>

## 牛仔裤实训任务单

<table>
<tr><td>课程名称</td><td>服装结构设计</td><td>项目名称</td><td>牛仔裤结构制图</td><td>实训人员（小组）</td><td></td></tr>
<tr><td>实训学时</td><td>2</td><td>实训对象</td><td>开课班级</td><td>实训地点</td><td>服装结构设计实训室</td></tr>
<tr><td>实训目的</td><td colspan="5">1. 掌握牛仔裤结构制图原理<br>2. 掌握牛仔裤结构制图方法</td></tr>
<tr><td>实训内容及要求</td><td colspan="5">实训环境与工具<br>1 开牛皮纸、直尺、曲线尺、打版台<br>实训内容与要求<br>1. 按照款式图进行牛仔裤规格设计以及结构制图(1:5) 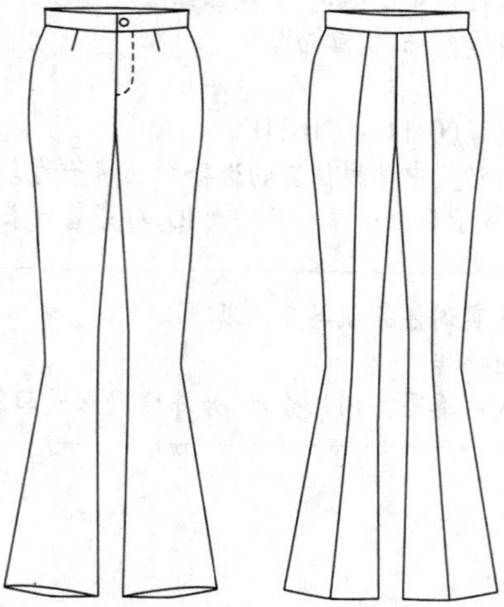</td></tr>
</table>

（续表）

<table>
<tr><td></td><td colspan="3">2. 标注各部位尺寸及公式<br>3. 结构制图线条标准，画面整洁<br>**核心提示**<br>1. 牛仔裤造型一般比西裤更合体，结构上后上裆倾斜角应相应增大<br>2. 牛仔裤的臀腰差一般放在口袋的分割线上去除<br>3. 思考题：牛仔裤穿着时易出现扭腿现象，是什么原因造成的，应怎样处理</td></tr>
<tr><td>实施操作</td><td colspan="3">1. 教师布置实训任务及思考问题<br>2. 学生实施操作<br>3. 实训完成后填写实训任务单，并陈述观点或回答问题</td></tr>
<tr><td colspan="4">实训步骤与结果</td></tr>
<tr><td colspan="4">实训中的问题与结果评价</td></tr>
<tr><td colspan="4">实训体会</td></tr>
<tr><td rowspan="2">教师评价</td><td>优</td><td>良</td><td>及格</td></tr>
<tr><td>完成牛仔裤结构设计，采寸正确、制图符合标准、画面整洁</td><td>完成牛仔裤结构设计，采寸基本正确、制图基本符合标准、画面较整洁</td><td>完成牛仔裤结构设计，采寸一般、制图基本符合标准、画面一般</td></tr>
</table>

## 短裤实训任务单

<table>
<tr><td>课程名称</td><td>初级服装结构设计</td><td>项目名称</td><td>短裤结构制图</td><td>实训人员（小组）</td><td></td></tr>
<tr><td>实训学时</td><td>2</td><td>实训对象</td><td>开课班级</td><td>实训地点</td><td>服装结构设计实训室</td></tr>
<tr><td>实训目的</td><td colspan="5">1. 掌握短裤结构制图原理<br>2. 掌握短裤结构制图方法<br>3. 熟记裤装各部位结构线名称</td></tr>
</table>

（续表）

<table>
<tr><td>实训内容及要求</td><td colspan="3">实训环境与工具<br>1 开牛皮纸、直尺、曲线尺、打版台<br>实训内容与要求<br>1. 按照款式图进行短裤规格设计以及结构制图(1:1)<br>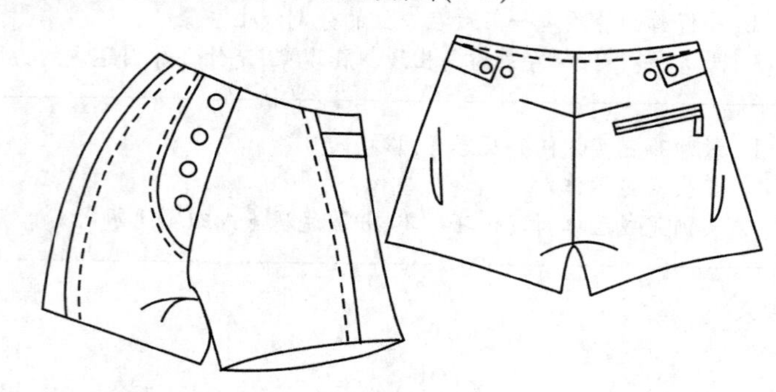<br>2. 标注各部位尺寸及公式,标注各部位结构线名称<br>3. 结构制图线条标准,画面整洁<br>核心提示<br>1. 落裆量:与裤长和裤口有关,裤长越短,裤口越小,落裆量则越大,一般为 1.5~3 cm<br>2. 裤口:前后裤口分配差量增大,内缝线(下裆线)与裤口弧线呈直角<br>3. 思考题:短裤结构设计与长裤有何区别</td></tr>
<tr><td>实施操作</td><td colspan="3">1. 教师布置实训任务及思考问题<br>2. 学生实施操作<br>3. 实训完成后填写实训任务单,并陈述观点或回答问题</td></tr>
<tr><td colspan="4">实训步骤与结果</td></tr>
<tr><td colspan="4">实训中的问题与结果评价</td></tr>
<tr><td colspan="4">实训体会</td></tr>
<tr><td rowspan="2">教师评价</td><td>优</td><td>良</td><td>及格</td></tr>
<tr><td>完成短裤结构设计,采寸正确、制图符合标准、画面整洁</td><td>完成短裤结构设计,采寸基本正确、制图基本符合标准、画面较整洁</td><td>完成短裤结构设计,采寸一般、制图基本符合标准、画面一般</td></tr>
</table>

## 裙裤实训任务单

<table>
<tr><td>课程名称</td><td>初级服装<br>结构设计</td><td>项目名称</td><td>实训十二:裙裤<br>结构制图</td><td>实训人员(小组)</td><td></td></tr>
<tr><td>实训学时</td><td>2</td><td>实训对象</td><td>开课班级</td><td>实训地点</td><td>服装结构<br>设计实训室</td></tr>
<tr><td>实训目的</td><td colspan="5">1. 掌握裙裤结构制图原理<br>2. 掌握裙裤结构制图方法</td></tr>
<tr><td>实训内容<br>及要求</td><td colspan="5">实训环境与工具<br>1 开牛皮纸、直尺、曲线尺、打版台<br>实训内容与要求<br>1. 按照款式图进行裙裤成衣规格设计以及结构制图(1:1)<br>2. 标注各部位尺寸及公式,标注各部位结构线名称<br>3. 结构制图线条标准,画面整洁<br>核心提示<br>1. 裙裤的结构特点:裙子的外观,裤子的结构<br>2. 裙裤的类型包括:紧身型、A 型、斜裙形、半圆形、整圆形<br>3. 思考题:裙裤下摆的变化规律</td></tr>
<tr><td>实施操作</td><td colspan="5">1. 教师布置实训任务及思考问题<br>2. 学生实施操作<br>3. 实训完成后填写实训任务单,并陈述观点或回答问题</td></tr>
<tr><td colspan="6">实训步骤与结果<br><br><br></td></tr>
</table>

（续表）

<table>
<tr><td colspan="4">实训中的问题与结果评价</td></tr>
<tr><td>实训体会</td><td colspan="3"></td></tr>
<tr><td rowspan="2">教师评价</td><td>优</td><td>良</td><td>及格</td></tr>
<tr><td>完成裙裤结构设计,采寸正确、制图符合标准、画面整洁</td><td>完成裙裤结构设计,采寸基本正确、制图基本符合标准、画面较整洁</td><td>完成裙裤结构设计,采寸一般、制图基本符合标准、画面一般</td></tr>
</table>

# 参 考 文 献

[1] 刘瑞璞. 服装纸样设计原理与应用[M]. 北京:中国纺织出版社,2008.

[2] 安平. 女装结构设计与样板[M]. 北京:中国轻工业出版社,2014.

[3] 张文斌. 服装结构设计[M]. 北京:中国纺织出版社,2006.

[4] 侯东昱. 女下装结构设计原理与应用[M]. 北京:化学工业出版社,2014.

[5] (日)中屋典子,(日)三吉满智子. 服装造型学技术篇[M]. 孙兆全,刘美华,金鲜英,译. 北京:中国轻工业出版社,2004.

[6] 张孝宠. 服装打版疑难解答 150 例[M]. 上海:上海科学出版社,2009.